相信閱讀

Believe in Reading

修訂版

微笑走出自己的路

百倍挑戰，發現千倍機會

Smile and Beat Your Own Path

施振榮——著　林靜宜——採訪整理

CONTENTS 目錄

SMILE AND BEAT YOUR OWN PATH

推薦序

跨世代領袖一致推薦

前宏碁集團董事長　王振堂

施振榮先生是個博愛且樂於分享的人，他一向認為「利他就是最好的利己」，就算他的寶貴經驗會被競爭對手拿去應用，也毫無保留。任何一位看了這本書的讀者，肯定會相信這一點。

施先生的微笑曲線及微笑學，激發了許多人對創業與創新的熱情，也影響了許多華人創業家終生追求全球品牌的建立，加上他不同於傳統家族企業的交棒理念等，這些都是他獨有的特色。

在華人世界裡，「施振榮」已是極具特色與高價值的個人品牌；在企業歷史進程中，他已創造了巨大的正面價值。

施先生在這本書中真誠如實、有系統的闡述了一生重要的經驗與深刻的省思，非常值得一讀，不同世代的台灣人都能從中找到改變的力量。

群聯電子董事長　潘健成

小時候常聽父親提起台灣有個令人敬佩的企業家——施振榮先生，他的創業精神與創新作風一直是我崇拜景仰的。上交大時，有幸成為施學長的學弟，他是位平易近人的大人物，對待他人總是抱著分享、友善親切的態度。

就個人淺見，施學長可說是交大學弟妹在電子產業創業的掌門人，他的創業精神與創新、創造價值的經營理念深深影響我們，無論在人才管理和提攜後進以及慈善事業的投入與關注，皆為可學習的榜樣。

群聯電子創業十二年，看似快速成長，實際上經歷許多起伏與波折，這段艱辛過程中，我們常向學長偷師，如同他的SMILE微笑學，以分享的態度來傾聽、觀察人的需要，持續不斷的保持創新，創造更多的價值與動力，邊做邊學，保持樂觀，邁向企業永續經營的目標。

人生與企業一樣，需要不斷的創新與前進。透過這本書，你也可以學習如何微笑面對，創造自己的價值，找到你自己微笑的路。

公益平台文化基金會董事長　嚴長壽

和振榮兄結識超過二十年了！當年我們因為都是青年總裁協會會員而時有聚會，但那時他正值事業巔峰，我對他的了解，坦白說，泰半與其他讀者相似，除了是「台灣科技的領航人」、「宏碁世界品牌的開創者」之外，當然也包括他那廣為管理界傳頌的「微笑曲線」概念。

真正對朋友口中的Stan（施振榮）有比較多的認識，反而是他交棒以後，因為我們兩人殊途同歸，不約而同走向公益的路。

在這過程中，我看到了一個對台灣未來永遠不捨、永遠關懷的施振榮；也看到為了領導並主持國藝會，而笑稱自己除了週休二日，剩下五天幾乎都與夫人攜手趕場看表演、認真吸收台灣文化藝術養分的施振榮；更看到身體狀況雖然不是很穩定、卻真實掌握分分秒秒及每個機會，將人生積累的經驗不吝與青年、社會、企業及政府分享的施振榮。

無論從世界或台灣的角度來看，施振榮不但以身試證了一位成功的企業家，在功成身退之後，如何繼續善用一生累積的經歷與財富對社會產生正面影響，並立下典範，更代表台灣由農業、製造業走到科技主導的經濟成長，進而轉向文明歷程的一個新台灣價值的品牌！

五月天樂團主唱、潮牌T恤Stay Real創辦人　陳信宏（阿信）

如果Stay Real像是射一架紙飛機，那麼，施先生就是讓一架A380在空中飛，而且飛行器的技術，甚至是由他主導開發的。

施先生的一生有很多不同常人的想法，但總會想出辦法，讓反向的這條路可行。這位第一代科技創業家、台灣品牌教父的內心，從他的品牌、管理和人生經驗來看，其實是反骨與叛逆的，他是名實相符的企業界Rocker。

每個平凡的自我，都曾幻想過，然而大多的自我，都緊抓著某個理由，看完Stan哥的書，你還等待什麼？

矽谷華人創業之神　陳五福

2000年左右，我希望將留美多年的創業經驗與台灣年輕人分享，在尋求夥伴時，認識了施振榮先生。當時正值宏碁交棒，施先生準備帶領一批功成身退的宏碁元老另闢新戰場，我很榮幸的以空降部隊一起參與創辦智融集團。

多年來，我深深體會施先生確實是名副其實的創新先驅，他融合東方待人的倫理與文化和西方待事的科技與管理，貫穿了他的事業與人生。

這本書完整總結施先生的重要理念，除了最重要的「微笑曲線」、「王道精神」之外，還有「人性本善」、「利他即利己」、「認輸才會贏」、「水平整合與垂直分工」、「有所不為」與「創新」等等。

施先生為了環保、健康與慈悲而茹素多年，更使他洞悉天人合一的奧妙，讀者定可以施先生為標竿。

微笑曲線兩端翹，製造薄利勿再炒，研發品牌價值高，創新創業行王道。

施多受少福升高，振攻衰守氣滿飽，榮淡辱忍業全消，聖重凡輕德深造。

appWorks之初創投合夥人　林之晨（Mr. Jamie）

愛因斯坦在二十六歲的那個「奇蹟年分」，連續發表了包括「特殊相對論」在內的四篇重要論文。但他不只提出這些劃時代的理論，更用接下來的五十年時光，逐步發展更多細節，讓世人更容易了解、運用他的發現。

同樣的，施振榮在1992年提出了「微笑曲線」，可以說是把台灣科技業從「降低成本」（Cost Down）推向「價值提升」（Value Up）的濫觴。但他不光是提出這個概念，十多年來，他發表演講、參與座談，現在終於寫了一本書，好好帶領我們深入微笑的精髓。

平凡如我們，大概很難在抽象思考跟上大師的步伐，但當他們把肩膀低下來，我們當然要抓緊機會，爬到巨人的身上。我推薦《微笑走出自己的路》，一本讓你真正進入施先生微笑境界的好書。

緯創集團董事長　林憲銘

創造價值、服務人群一直是施先生的中心思維，施先生不但身體力行，同時完整記錄他精采的經歷、內心的感受以及智慧的心悟，更以大愛之心，不藏私的公諸於世。

在這充斥誇大的動作、聳動的標題、對立的批評及近利的短視社會，施先生以平衡、踏實、智慧及永續的經營觀，利他的哲學，做為企業經營甚至治國之良藥，這是珍貴的價值與智慧，書中無一不充滿值得學習與深思的內涵。

個人有幸與施先生共事，成為他的部屬，多年來深深體會他的用心及憂心，也更折服於他的胸襟，在人生最菁華的時光能與大智慧者相處而學得一招半式，實乃大幸，也衷心推薦本書，值得大家再三細讀。

新媒體藝術家、青鳥新媒體藝術藝術總監　林俊廷

小學五年級，我就「認識」施振榮先生了，因為家裡的「小教授」，當時全班只有兩位同學家中有電腦。

第一次有機會和施先生面對面談話，是在2010年的台灣國際文化創意博覽會，當時青鳥結合藝術與科技，策劃「回到未來——牡丹亭」的展演，施先生看完之後，開心又熱切的與我談論文化創意產業；後來施先生更親赴花博夢想館參觀，2011年也特地來看了青鳥在故宮策展的「山水覺——黃公望與富春山居圖山水合璧」新媒體藝術特展，令人相當感佩施先生對藝文團體的關心與鼓勵。

誠如施先生在國藝會打造的「藝企合作」平台，希望能為台灣的藝文生態注入新生命，讓藝文界與企業界攜手共創的新生態達到新平衡，彼此間不再僅止於買賣或贊助關係，進而能創造新的價值、建立永續發展的機制，甚至進行「整案輸出」、以文創品牌全球行銷。

施先生的開放與誠摯引發我第一次開始深入思考，像青鳥這樣一個新媒體藝術團隊，知其不可為而為之所投入的夢想「成本」永遠大於「產值」，如此該如何與登門拜訪的創投家們對話？如何超然於藝術創作與市場通路之間微妙的矛盾，永續叫好又叫座？而藝術訴諸商業模式、產業發展模

式，就真能讓團隊「微笑」嗎？

施先生是一流的企業家，更是樂於為他人創造價值的分享家。本書中，施先生娓娓道來王道精神的基本心法、透視國際市場變動趨勢、詳述整合力、直指被整合人才的方向、解析台灣定位與品牌精神、分享創業經驗與企業永續生存之道。字裡行間溫暖的力量如雨露陽光，創新的思維如種子般撒下，分享家欣然期待哪一塊土壤將自成一片榮景！

當這個世界似乎變動太快、令人有些不安時，台灣需要更多像施先生這樣的分享家，透過團隊實踐與智慧，創造更多正面價值！分享家的微笑，如同象徵幸福的青鳥，帶來令人鼓舞的好徵兆！

自序

向前走，依然微笑（2015年）

在天下文化為我重新出版的王道創值兵法套書當中，《微笑走出自己的路》的出書時間最晚，因此累積我最多的實務經驗與感悟，可以看見從我開始創業到現在的王道精神一以貫之，鼓勵多元思考、反向思考的吐故納新，以及讓所有利益相關者都能共享價值創造成果的價暢其流。

高附加價值帶出的微笑曲線

1992年，宏碁再造之前，我重新檢討整個產業鏈的變化，提出「微笑曲線」的概念；其中，很重要的是附加價值的觀念，個人與企業都應該往高附加價值發展，才有競爭力，才可能永續經營。

簡單來說，微笑曲線的縱軸是附加價值，橫軸分成左、中、右三段，左段是技術、專利，中段是組裝、製造，右段是品牌、服務，曲線則代表附加價值。若是落在微笑曲線中段，附加價值較低；往左、右兩段移動，則附加價值較高。這樣一來，整個曲線看起來就像是一個「微笑」的符號。

換句話說，如果想要帶動企業往高獲利發展，就絕不能持續停留在組裝、製造的位置，必須往左或右段移動。

能夠創造正向循環，才有可能實現永續，也就是王道的基本精神：創造價值、利益平衡、永續經營。先有這樣的理解，才可能真正實踐王道，不會走差了路。

也就是說，王道再好，在實踐王道以前，你也要先知道自己的目標是什麼、要做到什麼才能達成你的目標。

圈自己的地

我們常說的「天地」，天就是指大趨勢，你要在大趨勢裡創造價值；地就是你如何把價值落實到當地市場，也就是俗稱的接地氣。

創造王道之前，必須先選擇你要創造價值的空間。你先搞清楚自己要在哪裡「圈地」，每個地方的環境、法規、人情義理、風俗習慣都不一樣，掌握當地的特色，才知道自己應該怎麼做，才最符合這個區域市場的需求。

全球產業生態已經進入價值鏈與價值鏈的競爭，呈現水平整合、垂直分工；前者，企業必須夠大，才有競爭力，否則只能放棄；後者，企業要找到自己獨特的定位和附加價值。

這個狀況，乍看之下好像很複雜，但是在這本書裡，我們可以看到，「微笑」的思考模式，或者說是王道競爭力，其實有五個訣竅：願意分享擁有更多、反向思考做大家沒有的事、用整合也被整合的思維取代零和關係、學會認輸才會贏，以及利他才是最好的利己。

近五年來，台灣對於產業升級轉型的需求愈來愈急迫，也開始關注競爭力、永續發展生生不息等等議題。因此，我把2015年定為「王道插秧計畫」元年，除了推出王道經營會計學，還與天下文化合作，推出「王道創值兵法」系列套書。

王道是組織的領導之道，它的核心理念是創造價值、利益平衡、永續經營，並透過六面向價值總帳論評估事物的總價值，才能長期平衡發展，達到最大價值。

至於王道創值兵法的內涵，則包括：一以貫之、以終為始、吐故納新、價暢其流，這些觀念在套書裡都可以看見，只是有些書會又特別側重其中幾項。

其實，王道是在談做人的道理。我們有很好的人的文化跟科技基礎，再加上彈性和速度，我們可以做大家的朋友，而不像韓國是大家的敵人。這也是我們跟韓國、甚至全世界競爭與合作的關鍵，就是要塑造這樣的文化，為人類創造價值，讓大家都能利益共享。

自序

我的「微笑」人生（2012年）

這一代的年輕人被稱為「失落的一代」，我常在想，究竟這個時代失落了什麼？回顧這四十年來的創業路，我發現每當一個新時代的開始，焦慮的大眾總會問一個問題：「未來該何去何從？」有趣的是，依我過往的經驗，每當大家往同一個方向看時，你往反方向看往往可以找到答案。

一般人總以為未來充滿未知，但其實有更多「未來的已知數」就在眼前。我把事業和人生的每個轉折都當作新契機，每當出現「新失落」，也是我創造「新價值」的時候。

回想起90年代初始，個人電腦產業產生巨變，從垂直整合到垂直分工，利潤突然大降，我記得1991年《哈佛商業評論》雜誌還曾經刊出一個專題：「不製造電腦的電腦公司，無晶圓廠的半導體公司」。面對產業新的典範轉移，宏碁該何去何從？

1992年宏碁再造前，我重新檢討整個產業鏈的變化，提出了「微笑曲線」的概念，宏碁集團也因為微笑曲線而一路創造高峰，後來這條曲線的運用愈來愈廣，不僅在電子產業，各行各業也都體現了微笑曲線的價值。

我很高興，更意想不到，當年提出的微笑曲線竟在日後聞名國際，並被國際商學院廣泛引用，在華人社會的應用更是普遍，甚至在中國大陸，微笑曲線比我還有名。不過我也發現，外界對於微笑曲線有些誤解，例如，以為要提高附加價值，就必須完全放棄製造。由於沒有了解精髓，導致實務應用上無法「微笑」，非常可惜！

我從未針對微笑曲線出書，頂多只在演講、上課時加以著墨，既然它廣為人知，且從原先的個人電腦產業延伸到各種產業的運用，我當然有責任釐清誤解，並因應時代趨勢，把它的精髓闡述得更清楚。退休之後，我反而有時間去接觸更多產業，涉獵範圍也更深，加上累積二十年的實證結果，現在到了可以完整分享的時機。

微笑曲線有個關鍵字，就是「價值」。價值是一切的起點，也是微笑曲線的中心思維，而創造價值也是我一直信守的人生觀。但是，究竟要如何思考並找出價值在哪裡？

認勢、順勢、造勢

微笑曲線其實就是一條找出附加價值的曲線，能夠協助你看清產業趨勢、大環境變化，了解現實情勢。我常說：「再強，強不過最弱的一環。」價值鏈上的任一個環節，都可能面臨全球競爭，要創造價值，就先得清楚認知客觀環境是什麼，這就是認勢，才會有之後的策略。

未來的世界，有個策略思維的重要不言而喻，那就是順勢再造勢。在擬定策略時，要懂得順勢而為，先保護罩門，不要暴露弱點，盡量發揮優點，造出對自己有利的情勢。

現代人的問題是，花太多時間在抱怨太多的事，應該花時間認勢、順勢、造勢。微笑曲線就是讓你認清整體的大勢，再造出個體的小勢，一方面分析產業的附加價值所在，另一方面思考如何借重現有的競爭力，投入新領域，創造出更高的價值，同時藉由個體建立的新核心競爭力，提升產業整體競爭力。

退休後的這幾年，我重新思考這一路走來，以前覺得隱約是如此、應該要這麼做的一些想法，自己在跌撞之中闖出一條路的許多關鍵思考，其實是相通的。

在微笑曲線中找定位

微笑曲線適用在各個產業，也適用於企業經營管理、個人職涯。這條曲線解開了企業與人生許多共同的課題，像是打破框架、擁抱問題、把握機會、品牌行銷、創造價值等等。事實上，在微笑曲線的上中下游裡，每個垂直點都有創造價值的機會，每個企業或個人都要想辦法，在價值鏈裡找到自己的定位與生存之道。

80年代前，公司內部對應該要行銷掛帥，還是生產、研發技術掛帥爭論不休。我當時就提出要以智慧掛帥，也就是現在的知識經濟，微笑曲線要思考的是活用知識，而不是生產複製，因為生產複製容易供過於求而降低價值，而活用知識才可以不斷創造價值。

個人也是一樣，可以從微笑曲線，了解工作大環境，定位你可以扮演的最佳角色。

比如在教育界，老師在教育的價值鏈，也可以有不同的定位，並扮演不同的分工，如果選擇把教學做到最好，那就是在右端經營個人服務與品牌；如果往左端的智慧財產（IP）發展，則可以開發教科書、教材、寫書，創造知識的價值，讓你「連睡覺也在賺錢」；或者定位是授課，有的人開補習班，複製「知識分身」來賺錢。

上班族更是如此，想要升遷、成長，就要認清公司給你的分工是什麼？然後想辦法提高這個分工的附加價值。在微笑曲線上，每個分工可能同時是整合者與被整合者，你更要弄清關係，做足準備。

以主管來說，既是部屬的整合者，也是老闆的被整合者。每個人一開始都是先把自己的分工做到最專、最精，然後再利用這個分工，了解職場生態，弄清產業（職場）上下游關係，做到「上下」逢源。當你對其他分工有所了解，等到有一天往上走，就能變成稱職的整合者，創造新角色的價值，不會因為不清楚、能力不足而做白工。

走一條利他利己的路

我在1976年第一次創業，當時旺盛的創業家精神是台灣人的驕傲；如今，工作消失、人才流失卻是台灣人的主要焦慮之一。為何昔日的驕傲卻變成今日的焦慮？

我認為，大環境激烈震盪已是常態，未來也是如此，在變與不變之間，你要先抓住不變的，比如，不變的是要繼續創造價值，而變的是，隨著時空更迭，創造不同的新價值。

經濟學供需原理不會變，有需求，供給才有價值，所以你一定要創造符合社會所需的價值，這個道理不會變，變的是，現代社會有什麼樣的需求，這是你要去深入發掘的。

農業社會中，個人生活建立在五倫關係，然而現代社會每天最常面對的是群我關係，也就是第六倫。五倫當然存在，但個人花在群我關係的時間更多。從現在看未來的需求，勢必要重視第六倫，而且有別於和個人關係密切的五倫，你和大多數的群眾並不認識，但未來要成功，必須考慮群（利益相關者）的生態平衡，走一條利他又利己的路。

利他，才能永續的利己，就像我這兩年常談的王道精神，領導人經營企業的過程中，不論是面對競爭、推動變革轉型或成長擴充，都要把王道精神當成是在茫茫大海中指引方向的北極星，因為它能夠引領你專注創造價值並追求利益相關者的平衡，持續有效造出有利的勢。

分享經驗，創造更多價值

走在前頭的人，應該分享已知或已走過確認是不可行的事，讓後進者可以在前人的基礎上，去解決新發生的問題，從經驗中不斷學習，社會整體才能持續進步。

從我開始工作到現在，四十年來，我不斷在思考台灣的新競爭力，也長期在這個領域投入許多心力。從宏碁集團退休後，我與志同道合的夥伴成立智融集團，希望在知識經濟的新時代，以過去累積的經驗，提出新經濟下應有的新思維，帶動產業發展，同時為了協助更多的台灣企業品牌邁向國際舞台，也積極推動「品牌台灣」的理念。

我一生都在創業，人生的上半場是為事業打拚，下半場則是為志業而活。我認為，人要退而不休，只要還有能力，就要繼續為社會貢獻，所以我成為一位快樂的分享家，關切的議題也更廣泛，花時間公開演講與定期發表文章。

惟演講與文章的篇幅有限，無法完整呈現思路與邏輯，因此透過本書將心中所想的做完整說明，出書也是因為覺得台灣需要，讓大家不用像我一樣，從零開始想起。

在此，要感謝信昌細心的先將我過去演講資料與文章整理出來，使我省了不少力氣，加上靜宜認真的採訪寫作，融會貫通我畢生的心得。

除了微笑曲線，這本書還分享了我體悟到的創業與創新法則、經營管理know-how、人生價值觀等，這些都是這幾十年來，我幾經思考才通透的道理，其中有很多是不留一手，檢討大大小小失敗後得出的結論。

吸收別人的失敗經驗，跟開創成功經驗一樣重要，如果已經知道這樣做會失敗，就不要重蹈覆轍，把精神放在尋求新的成功之道，為社會創造出更多的價值。

眼前雖有百倍的挑戰，但也有千倍的機會，就看你把眼光放在哪個方向。我一直覺得，人是為了創造價值而存在的，我跟大部分人一樣平凡，如果我能走出一條屬於自己的路，相信你們也都能，如果有人從書裡看到任何一句受用的話，進而創造讓人生微笑的動力，我就心滿意足了！

CHAPTER 1
人人需要的經典

我能，大家都能，因為我跟大部分人一樣。

想創造新的價值，

就不能走和別人一樣的路。

林靜宜看施振榮

《時代》雜誌六十週年選出的「亞洲英雄」中，施振榮是當年唯一入選的台灣人；Discovery頻道更曾特別為他製作傳記影片，記錄這位將台灣放入世界版圖的企業家。

他之所以與眾不同，是因為一位真正的領導人，並非擁有最多的跟隨者，而是能培養出最多的領袖；一位真正的啓蒙者，並非只關注知識的增長，而是能讓更多人明白知識的力量；一位真正的策略家，並非手頭緊握資源不放，而是以分享達成動態均衡。

發揮影響，成就他人

受施振榮影響而有所成就的創業家與企業家，不計其數，他不斷突破華人的傳統思維，也被許多國際權威媒體推崇為最有遠見的領導人。他永遠與人分享知識，傳承實戰經驗與創新視野，不留一手。

施振榮的微笑曲線以及「全球品牌、結合地緣」的國際化模式，不但把台灣資通訊（ICT）產業推上世界舞台，影響力更擴及其他產業。他的經營管理模式甚至被哈佛商學院列入個案研究。

而他出身平凡，三歲時父親過世，母子相依為命。從小個性內向，唸課文還結結巴巴，大學前不曾上台演講。數理成績雖然優異，聯考卻失利，重考才進了交通大學。然而，小鎮之子卻開創了全球品牌Acer。

我能，大家都能

1976年，施振榮與友人以新台幣一百萬元創立宏碁公司，到2004年底他退休時，自宏碁開枝散葉的ABW家族（Acer、BenQ、Wistron，宏碁、明基、緯創），總營業額已達到兩百二十二億美元，到2010年更成長至約六百六十億美元。

「我能，大家都能，因為我跟大部分人一樣。」一生經歷過許多起伏與波折，施振榮如何保持樂觀，一路前進？他的「微笑精神」，正是這個百倍挑戰、千倍機會的新世界裡，每個人都需要的經典價值。

第一章

微笑的原動力

人生的意義是什麼？
我的目標是為他人創造價值，
為此，
你得不斷突破瓶頸，挑戰困難，
因為如果走的路太容易了，
就輪不到你。

2004年底，我如願依自己的人生規劃，在台灣科技業衝鋒陷陣三十多年之後，六十歲時帶著感恩之心退休。回想1976年9月，我和其他合夥人用新台幣一百萬元創業，成立宏碁，我必須坦白說，當時創業是「不得不」的選擇。

公司是大家的

交大研究所畢業後，我先到環宇電子上班，開發出台灣第一台電算器，接著到榮泰電子工作，研發出全台第一部掌上型電算器、全球第一支電子筆錶等新產品，正當我們準備搶進新興的微處理機應用產品市場時，不料，公司受到大股東家族事業的拖累，財務陷入困境，後來宣告破產。

榮泰本業大好，前景更是看好，卻因出資者的偏差而倒閉，這也是往後我極為重視公司治理的原因。

那時，沒有公司治理這個名詞，創業第一天，我就告訴夥伴們：「公司是大家的，經營要顧到所有的利益相關者。」我的理念是，公司雖然是我所創立，但並不屬於某個家族，我定位自己為專業經理人，也是受雇者，而非擁有者，目的就是要打破華人傳統文化中「家天下」的觀念。

個人生命有限，企業卻可以永續經營，滿足社會需求，所以要像接力的馬拉松賽，一棒接一棒，這也是我為什麼很早就培養接班人，而且交棒計畫安排近二十年。

自行創業並不是我預定的人生計畫。我們一群年輕人突然失去了工作，身為研發者，我知道全球將因微處理機帶動二次工業革命，我不希望錯過這個前所未有的大好機會，於是我集合一群窮小子，一起創業、圓夢。

走不同的路

想創造新的價值，就不能走和別人一樣的路。當初創業時，我對台灣產業的想法是，我們的電子業在製造上已具備國際競爭力，最需要提升的反而是研發技術與國際行銷的能力，宏碁就是往這兩個方向發展，而這個概念後來也演變成為「微笑曲線」。

在我創業之初，台灣還沒有微處理機技術。為了讓此技術普及，我們自許為微處理機的園丁，引進美國技術，積極推廣市場，並訓練三千位工程師，提升研發及行銷能力。

到我退休時，整個集團規模已達數千億元，中間經過兩次的組織再造工程，整個ABW家族穩定運作，宏碁（Acer）由王振堂領軍，專注經營品牌、明基（BenQ）由李焜耀負責，獨立發展，緯創（Wistron）由林憲銘擔任董事長，專注研發製造服務，三個集團都在自己的微笑曲線上，創造各自的附加價值。

團隊分享，更有力量

事業有好的領導者接棒，我開始最有興趣的志業——做一位分享家，分享一生的創業經驗與國際觀點，繼續貢獻社會。

分享若要有力量，就需要團隊，我成立智融集團，集合一些宏碁集團的退休夥伴，包括前宏碁歐洲區總經理呂理達、前新加坡宏碁國際董事長盧宏鎰、前宏碁美洲執行長莊人川、前宏碁公司財務長彭錦彬等人，一同開創新事業。

近幾年，也加入了業界朋友，像矽谷華人創業之神陳五福以及由惠普公司副總裁職位退休的楊耀武，他們都是創新與管理的佼佼者，一起「智慧融通、共創價值」，這也是智融集團取名的初衷。

這是一個可以將經驗傳承的平台，讓每個人都能貢獻智慧，智融集團底下有創投、諮詢顧問與資產管理等業務，至於公益事業則由智榮基金會負責，兼負培育人才的目標，從標竿學院、微笑品牌發展中心到王道薪傳班，希望能為華人培養出更多未來的領導者、管理人才。

智融集團幾乎是我退休生涯的重心。退休後，我重拾生活樂趣，早上和太太一起散步運動，有時陪著上菜市場買菜。此外，對優質的藝術展演，我們也很少錯過，精神生活的充實，我也加速補足。但是大部分時間，我會到位於敦化北路的智融辦公室貢獻所長，與各界人士開會討論，以及外出演講分享我的理念。

微笑的原動力就是創造價值

很多人好奇，我退休後應該去遊山玩水、享清福，為何還要二次創業，成立智融集團？

微笑的原動力就是創造價值，我的人生觀也是如此，一切作為也都是環繞著這個核心概念。因此，我對退休的定義和別人不太一樣，從工作崗位上退休不代表從社會上退休，人是為了社會創造價值而存在的，只要還有能力，就應該繼續做出貢獻，創造快樂、更有意義的人生價值。

價值，不能只取決於投資報酬率，對我來說，無形更勝有形。嚴格說來，我創辦的宏碁集團在獲利排名上並沒有特別傑出，但我們對社會的貢獻度才是讓我最有成就感的事。

一個窮小子可以從無到有，像我這麼平凡的人都能做到，其他條件比我更好的人，應該可以從我身上看到信心。

我在宏碁立下傳賢不傳子的企業文化典範，多年來，也為社會培養了無數的管理與領導人才，二十年前，宏碁營業額與專利權數目算是領先產業界，現在產業界已有更多後起之秀，我們開創出那麼多條路，讓有能力的人各自去發揮，這就是最大的成就。

最令我欣慰的是，宏碁的自創品牌之路，創造了投石問路的示範作用，台灣也發展出不少的世界知名品牌，也因為堅持自創品牌，造就許多上下游的零組件廠商跟著我們成長，成為世界大廠，有些企業的獲利比宏碁還高。

無形大於有形

有人問過我，我最珍惜的財產是什麼？我的答案是可以幫別人創造價值的「形象」。對我而言，形象是名大於利，不過，我要的是名副其實的形象，絕不接受勉強得來的，更不要表面的虛名。

每個人的價值也是無形大於有形。我們可以把微笑曲線中間的製造看成工作，好比一個人剛出社會累積實力的打底過程，左邊的研究發展，可以視作創新、知識精進的能力，右邊的行銷，就是創造個人品牌價值。

大部分的人都是從附加價值最低的製造開始，就像一個發展中國家，為了增加就業人口，必須先發展製造業，但之後若沒有往上升級的想法與規劃，就會產生問題。

以我自己為例，從就業到創業，職場改變了，角色也跟著從工程師轉型為經營者。

比較幸運的是，在就業五年期間，歷練了研發、製造、採購、品牌行銷、代工業務等工作，打底經營的基礎。創業後，雖然我還是很熱愛工程師的工作，但必須轉型為帶領團隊前進，不斷為他人創造價值的經營者，也就是，放棄微笑曲線中間的「製造」，朝兩端發展經營事業所需的能力。

經營人生就是讓自己更有用

小時候，我母親常告訴我：「要做個有用的人。」母親一生茹素，雖然只有小學畢業，卻很有智慧，親友總是對她說，獨子容易學壞，很難教養，但她從不相信，用心期勉我成為一個對社會有用的人。

經營人生，就是讓自己對別人有幫助，成為有用之人，有用，就是為社會創造價值。

如果你只著重微笑曲線的底部，而不去思考如何對這個世界有更多的貢獻，人生的價值就會打折。金錢跟著工作而來，但不是生命的全部，也不是成就與否的判斷標準，若不好好運用，甚至可能讓微笑曲線變成兩端向下的苦笑曲線。

就算是有錢人，如果沒有好名聲這些無形的資產，也不會受到世人的尊重。像比爾・蓋茲這樣的富人，就充分創造了「財富」的價值；他慷慨捐出大部分的財產，並投入許多時間心力去從事慈善公益活動。

人生就是不斷突破

人生的道路上，你得不斷突破瓶頸，挑戰困難。

我的個性有個麻煩的地方，容易「喜新厭舊」，一樣項目做成熟了，就會想要交給別人接手，自己再去找新東西來做，尋求突破。

從宏碁到智融集團，我都是往前走，提早做二、三十年後台灣要做的事，但也因為總是在前頭披荊斬棘，往往能率先看到最美的人生風景，因為如果走的路太容易了，根本輪不到你。

人生的意義是什麼？就是替他人與社會創造價值，這也是讓人生微笑的原動力。

人生的另一風景

我拒絕了很多外界要頒給我的虛名。例如要捐錢的榮譽博士，我認為，博士不是買來的；當我的名字會跟某些人放在一起，可能產生誤解，我也會婉拒，例如不做事的國策顧問。

名聲代表別人認同你的價值，我很清楚自己要的是好名聲，大家肯定我對社會有所貢獻，而且透過具體努力而得，所以從不捐有形的建築物，都是捐無形的、具鼓勵作用的行動計畫，像為不同求學階段學生設的獎學金，帶有不同目的的鼓勵。

給小學的是「快樂兒童」獎學金，希望他們在快樂中學習；給中學的獎學金是鼓勵他們發揮「實驗與創作」精神。

我自己在高二時，獲得「愛迪生獎」，這是給全校累計高一、高二之數理成績第一名的獎項，當時我在全年級成績排名不過是六、七十名，可以想見，數理以外的科目成績不怎麼樣，拿到「愛迪生獎」讓我信心大增，雖然第一次大學聯考沒考上想讀的學校，但就讀大一時仍努力準備重考，隔年考上交大電子工程系。

對於大學，我給的是「社會服務」獎學金，利他才能利己，當存有這樣的觀念，便容易發現自己的人生價值。

我曾在公開演講提到，民主素養與法治精神是台灣進步的原動力、社會穩定的基礎，政府應該推動十大「無形」建設，尤其要扎根教育，不過，十年樹木，百年樹人，這種長期又「無形」的規劃無法獲得選票，大家還是以「有形」建設為主。

可是，在未來世界無形資產將會愈來愈有價值，微笑曲線我談了二十年，它反映了無形的智慧財產、品牌、服務會比較有價值，有形的製造如果不善加利用，價值早晚會變成負的，這也是我願意接下國家文化藝術基金會董事長的原因，無形的軟實力能為現在的「有形」產業，如科技業、傳統產業創造更高的附加價值。

接掌國藝會後，我與各界腦力激盪，思考如何引進企業資源，打造「藝企合作」平台，希望能為藝文生態建立永續發展的機制，為了鼓勵、了解藝文團體，我常趕場看表演，以前創業從未跑過下午三點半，退休後反而勤跑晚上七點半，也是人生的另一風景。

◎ 第二章 ◎

缺點，可能是最佳特色

人生的價值在於，
你的貢獻（output）
對別人所創造的價值。

曾有中國大陸媒體拿我與各領域的其他菁英做比較，報導中指出：「企業經營，他不及前美國奇異集團（GE）董事長傑克・威爾許，賺錢不及亞洲首富李嘉誠，雖然他眼光獨到，但也趕不上微軟創辦人比爾・蓋茲，但他總能做到別人所不能，尤其是華人所不能，在於他海納百川，有容乃大，特別是在一個日見平庸的時代，用偉大一詞來評價施振榮先生一點都不勉強。」

我想我和一般人眼中的英雄並不一樣，我的領導哲學是相信人性，充分授權，雖然我創立了宏碁，但我鼓勵員工勇於創新嘗試，希望他們青出於藍，因此成就了更多國際級的華人創業家。

這可能跟我是獨子有關，因為沒有手足幫忙，所以要學習先把自身利益放下，在成就別人之後，別人也會願意回過頭幫忙，團隊力量更大，我發現從利他出發，反而獲得更多，創造出獨特的價值。

欣賞自己的獨特

每個人都有自己的獨特之處，我從不跟別人比，只跟自己比。你可以向典範學習，並從中找到精進方法，但你們無法比較，因為你和他的客觀條件不同，境遇也不同，應該要走自己的路。

一路走來，我的個性還是能不講話、可以不出頭最好。

我的成長過程不像一般人那樣順遂。三歲時，父親因病過世，母親開了一間小雜貨店，含辛茹苦養育我長大。我從小就很乖，個性內向，碰到人也不會叫阿姨、叔叔，上學時，我就是靜靜坐著，很害怕被老師點到名，放學回家後，沒有兄弟姊妹，如果同學沒有來我家，我就是一個人做功課、讀書。

轉劣勢為優勢

或許很多人不相信，上大學之前我從來沒有上台演講過，我膽子很小，做很多事都怕怕的，害怕這樣、不敢那樣，還好有母親帶著我去嘗試；婚後，換成膽量比我還大的施太太（我內人）在背後幫我壯膽。

我的背誦能力也不好，就算唸課本也會唸得結結巴巴。文史科目向來是我功課上的一大弱點，雖然花了很多時間溫習，成績還是不盡人意。我很愛看書，但記憶力不好，對每天閱讀的許多資料只隱約有印象，不像有些人可以過目不忘，事實上，我連電話號碼都背不起來，電影裡的演員名字也是看過就忘。

但我不會抱怨自己的缺點，這樣浪費時間又傷神，要懂得轉化劣勢為優勢，把缺點變成特色。

因為膽子不大，我凡事會先思考、盤算後果，反而不易衝動行事。相較於背誦能力，我的理解能力特別突出，雖然沒辦法背誦名人文章，引經據典，但我把壞處當好處，變得很喜歡動腦筋，盡可能消化文章涵義，自己思考出一番道理，結果，反而讓我可以自然的即興演講，思維也能突破框架，與眾不同，由於沒有華麗的文藻或名言，一般人都能聽得懂，溝通更容易也更有效。

進步就是比昨天更好，不要否定自己

我常講，千萬不要否定自己，進步就是比昨天更好，幸好我小時「不了」，成長過程的每個階段都比上一個更好一點，才使我愈來愈有自信。

當然，不自我否定，不代表永遠的自我肯定，這會陷入自我感覺良好的迷思，令人看不清盲點。

旁人的批評，除非不是事實，如果有根據、道理，我們應該接受並檢討，這是人生珍貴的益言、益友。但也不是全盤接收，如果你發現別人對你的批評是因為他不了解真實情況，要自有定論，不受影響。

我把德碁賣給台灣積體電路製造公司時，網路上有人批評我是豬，我並沒有生氣，反而笑笑說，「豬很聰明」。

外界的人因不清楚狀況才會用情緒性字眼。當初基於台灣IT產業發展關鍵零組件的需求考量，我認為以宏碁在產業界的地位，應該投資動態隨機存取記憶體（DRAM）廠，因而與美國德州儀器公司（TI）合資成立德碁。

後來，美國德儀由於技術無法取得市場領先，決定退出DRAM市場，宏碁考量長期發展將無勝算，因此決定將德碁列入非核心業務，淡出半導體市場。台積電因為當時半導體需求旺盛，加上為了拉大與聯華電子的差距，最後由台積電併購德碁。

宏碁投資德碁近十年，當年德碁規模在國內排名第三，因為做單一產品，有時利潤比台積電、聯電還好，十年總結加上換得台積電股票，投資報酬率對股東能有所交代，現在回頭看DRAM產業的經營困境，我們的決策是正確的。

環境不同，無須比較

很多人比較兩岸年輕人，我認為沒有什麼好比的，兩邊的客觀環境不同，文化也有差異。

大陸的年輕人身處快速成長、急功近利的經濟環境，對知識渴望，學習企圖心很強，台灣的年輕人生活在經濟起飛後，在多元化的社會環境與百花齊放的文化底蘊下滋養成長，跟我們這一代有著不一樣的優勢，他們更懂得生活，創意也更為多元。

我深切認為，每個世代的客觀環境不一樣，心態、想法都會不同，不需要比較，下一代會創造屬於他們的世界。我也不認同，很多老一輩所說的「一代不如一代」，我覺得應該是「一代強過一代」，要相信現在年輕人的能力，如果真的一代不如一代，那麼上一代也是要負責任的。

只要存有比較心理，日子就不好過

幸福就是知足常樂。

《論語》說：「三人行，必有我師焉。」參加會議或演講，我盡可能提出建設性意見，也會認真聽講，就是因為專心，我常從別人覺得平淡無奇的發言中得到收穫。好的榜樣我就學習，不好的，像時間控制不當，也能從中學到如何避免犯相同毛病。

每天隨時張開眼睛、打開耳朵學習，這不是跟別人比，那個人的音樂素養高、英文講得好，我欣賞他，但這不會打擊我。你就是你，只要存有比較心理，日子就不好過了。

現在，很多國家都在談幸福指數，日子要過得幸福快樂很容易，只要知足常樂。我不是宗教家，不過，我觀察到很多的不快樂是跟人做膚淺比較的結果。幸福是自己創造出來的，不要跟別人比，滿意於「足夠」，就能感到幸福快樂。

願意為他人創值，自己便能富足

我從周邊的許多人觀察到，只要願意為他人創造價值，就很容易累積到能滿足所需的財富，但不是每個人都能達到「富足」的境界，原因就出在跟別人比較。因為愛做比較，所以老是感覺不足。膚淺的比較，容易讓人心理不平衡、不知足，愈愛比較，愈覺得匱乏，當然也就不覺得幸福。

小時候，母親的小雜貨店讓我生活無虞，創業成功後，我並未改變我的生活模式，我對名牌沒有欲望，金錢換來的物質享受對我來說短暫又空虛。因為生活樸實、簡單，我時時都很快樂，安於足夠。

當你覺得自己已擁有很多，更能回過頭來體驗生活滋味，心靈也因而有真正的自由。一旦一個人能夠體會自由，自然能夠不受限，活出真正的價值。

◉ 第三章 ◉

反向思考，走出自己的路

大部分的人活在社會主流價值裡，
但許多傳統的思維
反而成了限制我們潛能發展最大瓶頸。

中華傳統文化裡有很多的美德與普世價值，例如：以和為貴、以德服人、講究共存共榮、不爭一時爭千秋的這些哲理，道盡了永續的智慧。但是我也發覺，個人或企業、國家的最大瓶頸可能也來自於傳統文化，不少傳統思維限制了我們的潛能發展。

我在70年代創業，那時社會上的管理思維是把每個人當壞人看待，做什麼事都需要保證人，進公司要保證人、出國要保證人蓋章；公司經營者都是中央集權，上下班要打卡。這種傳統文化對於人的潛力發揮極為不利。

突破傳統需要方法，我是用反向思考。

既然傳統思維是不相信人性，我就倒過來想，從人性本善出發，挑戰當時的經營思維。雖然人事部門因不好管理而反對，我還是讓員工上下班不打卡；公司成立第一天我就用分散式管理，授權大家做決策，我跟員工說就算做錯也沒關係，公司替大家繳學費，只有一句話送給他們，「拜託！不要白繳學費，要從教訓中學習、成長。」

我的一生也有很多不同於一般人的想法。四十多年前，那時社會的主流價值是念醫科才有前途，班上成績不錯的同學都念醫科，我數理成績優異，卻決定不念醫科，反而選讀最新的電子工程，幸好母親沒有反對，日後才有機會走上科技創業這條路。

在我們那個年代，很多人都想要出國留學，我並沒有從眾，而是留在台灣讀碩士，反而讓我趕上了台灣電子產業起飛的契機。

從小到大，我個性雖乖，但很有自己的想法，「me too」不是我的作風。我特別喜歡挑戰偏執的世俗觀念，而且會想出方法讓反向的這條路可行。根據我的經驗法則，反向思考有助於打破框架，想通很多環節，最後做出成果，走出自己的路。

交大研究所畢業後，外商飛利浦（Philips）及本土企業環宇電子同時找我加入，我選擇進入台灣第一家設有研發部門的環宇電子，因而有機會研發設計出台灣第一台電算器，並且成功上市。如果我跟隨主流選擇進入外商，英文可能會突飛猛進，但也失去了在最短時間內，從工程師到生產部主任歷練的難得機會。

微笑曲線是我最重要的反向思考代表作

微笑曲線是我反向思考而來的，原本只是為了說服內部同事而發展出來的轉型理論。

創立宏碁的時候，台灣是全球最大的製鞋王國、玩具製造王國，當時我就體認到品牌的重要。所以，在我們規模尚小之際就開始自創品牌，我們是先有研發、品牌，可說是以「微笑的概念」創業，只是並未具體畫出這條後來廣為人知的曲線。

只可惜那時台灣給人仿冒、品質不好的印象，並不利於我們發展國際品牌，後來為了生存才發展代工製造。

不過到了1992年，大環境改變了。為了因應變化，宏碁進行了第一次的企業再造，推動「速食店產銷模式」(注1)，希望將附加價值較低的組裝移往海外，台灣則集中精力，發展附加價值較高的部分。

初期，有部分員工並不是很能接受這樣的做法，為了說服他們，我在白板上畫出個人電腦產業的附加價值曲線（圖3-1）。

專精朝更高附加價值領域發展

從橫軸來看，由左至右代表產業的上中下游，左邊是研究發展，中間是製造，右邊是品牌行銷。縱軸代表附加價值的高低，以市場競爭型態來說，曲線左邊的研展面對的是全球競爭，右邊的行銷面對區域競爭。

我用這條曲線解釋，個人電腦產業附加價值較高的部分，是在曲線兩端的智財（研展）和品牌與服務（行銷），

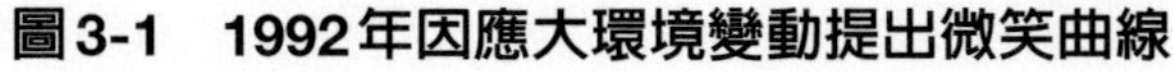
圖3-1　1992年因應大環境變動提出微笑曲線

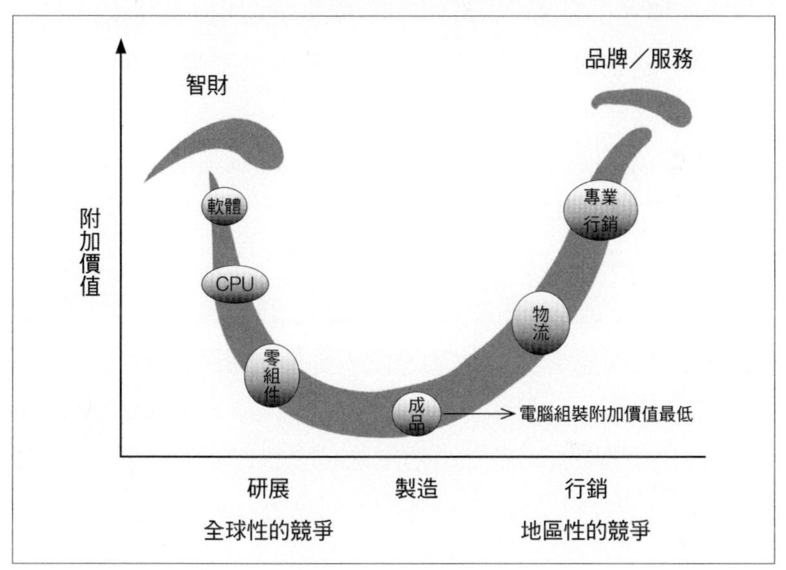

希望大家能夠明白，電腦組裝已成為這個行業附加價值最低的部分，我們應該放棄在台灣組裝，專精朝更高附加價值的領域發展。

沒想到，後來它會在國內外廣為流傳，還被世界各大商學院引述、應用，甚至在中國，「微笑曲線」比「施振榮」還有名。

由於微笑曲線簡明易懂，本來反對的人接受了我的想法，公司順利推動第一次再造工程，將附加價值較低的電腦組裝移往海外。2000年底，我們再從微笑曲線思考永續發展的策略，啟動第二次再造，這是宏碁的世紀變革（注2），徹底放棄製造，只做兩端。

我常說：「Me too is not my style.」（跟隨並非我的風格），非常建議大家，可以常做反向思考的練習：若朝向另一個方向思考，我可以怎麼做？

多數人的想法是由主流價值延伸出的思想，少有從根本創新的自我思想，學習改變你對某件事理所當然的想法。要創造新的價值，就不能只是做個跟隨者，必須做真正的自己，走出自己的路，做大家都沒有，只有你獨特的事。

注1　宏碁台灣總部為中央廚房，負責生產電腦組件，供應海外各地區的事業單位，這些事業單位在當地組裝電腦，再提供完成品給消費者，就像速食店以中央廚房供應的食材在店內料理，提供新鮮食物給顧客享用。

注2　當時宏碁因自有品牌與代工並存，發生資源與經營衝突的管理問題，自有品牌在歐美也無法建立有效的獲利模式，而在1998年施振榮為交棒鋪路的準二造行動裡，將集團劃分為五個次集團，因資源分配不均使得母公司成長停滯。2000年的世紀變革（內部稱為二次再造），品牌與代工分家，變成ABW家族，宏碁轉型為品牌服務業，營運模式改造為「三一三多」策略，三一是指單一公司、單一品牌、單一全球團隊，三多是指多供應商、多產品線、多通路。

◉ 第四章 ◉

變動世界的生存之道

愈是變動的世界，
愈要了解自己能夠創造出何種價值，
未來需要的人才有兩種，
一種是站在制高點的整合者，
另一種是專注在分工領域表現卓越的被整合者。

全球經濟劇烈變動，很多人擔心會失業，年輕人煩惱自己會平庸過一輩子。你要了解世界是一個動態環境，本來就不平衡。因為不平衡，生態才有進化的動力。

不斷變動的動態競爭

我們所處的世界本來就是不斷變動的動態競爭，只要有任何不平衡，就會開始重新變化，直到新的平衡出現。動態變化會產生新的不平衡，如果可以創造出新的價值，就會引導生態往更好的方向發展。

然而，不平衡也有可能是負面的，就像大家追求美國夢，但在移動的過程中產生分配不均，貧富差距愈來愈大，等到有一天大家對未來感到絕望時，不平衡的能量會迫使大家檢討，思考解決之道。

一是有優勢的人要照顧弱勢的人，另一個則是沒有生存條件的人聯合起來造反，例如2011年從美國延燒到全球的「占領華爾街」行動，這是弱勢為了求取平衡的必然結果，發生的時間只是早晚而已。

愈是在變動的世界，愈要了解自己能夠創造出何種價值，眼前雖有百倍挑戰，但也有千倍機會，我們的生存之道就是要創造價值，以及追求利益的平衡，也就是我這兩年悟到的「王道」。

從現代企業的角度來看王道，就是要關懷「天下蒼生」，包含我們賴以為生的環境。而對企業家來說，就是要照顧所有的利益相關者。以東方的王道思維應用在企業的經營上，可以彌補西方資本主義的霸道產生的缺陷，而且更有可能讓企業永續經營，雖然王道精神目前並不是主流文化，但值得大家重視。

我們可以來思考一個有趣的問題，王道是要照顧所有利益相關者的利益平衡，那把競爭者淘汰是不是王道？

任何的競爭都會產生變化，王道的競爭是競爭誰對人類的貢獻最多，追求集體社會的公平正義，以及對弱勢的合理保護。用創新的模式，創造更大價值，讓大家能在新的創新領域活得更好。

由於整體生態有共同誘因，很自然會往那裡移動，因此，淘汰未能善用社會資源的競爭者，是王道的競爭。

整合者，也可能是被整合者

既然世界本來就是變動，個人如何在變動中創造自己的價值？

如果你是站在制高點整合跨領域的領導者，別忘了要保持「平衡」。當你慢慢有能力整合一些利益相關者（不管是社會、自然環境、人脈等有形、無形的資源），除了思考自己有沒有持續創造正面價值之外，也要顧及所有參與者的利益平衡。

被整合者則要去思考，人家為何要整合你？與整合者不同的是，被整合者還是要專精自己的領域，為合作的群體創造價值，這樣才不會變成害群之馬，變成團隊裡最弱的一環。

此外，被整合者要能了解並欣賞其他領域者的能力，因為要懂得如何和別人配合。

專注自己的「黑盒子」

每個不同領域都有一個黑盒子，每個黑盒子都有一個跟外界連結的介面，就像是作業系統的應用程式介面（Application Programming Interface, API），整合者不一定要像被整合者一樣必須懂黑盒子，但要懂連結的介面，也就是一個黑盒子與另一個黑盒子的介面要怎麼配合，才能順利連結起來。

特別注意的是，被整合者就算懂別人的黑盒子，也不能做，因為一旦做了，你的時間、力量就被切分為二，要專注在自己領域的「黑盒子作業」，才有能力去不斷創新。

在很多情況下，組織、企業可能同時扮演整合者與被整合者。

比如，整合很多複雜零組件的設計製造代工廠，除了要持續往微笑曲線左端的研發發展之外，也要往右端整合，在海外設廠建立全球運籌的能力，同時扮演有價值的被整合者，與有品牌行銷能力的對象合作，體現左端創造的價值，而不會因為沒有能力做品牌，就無法體現左端到右端的全部價值。

整合者與被整合者都要會看趨勢

不管是整合者或被整合者，都要會看趨勢。很多被整合者常消失於競爭洪流，最主要的原因是他們忽略趨勢的變化，只埋首在自己的「黑盒子」。一定要想辦法跟著趨勢變動，維持優勢。

整合者由於站在制高點，很容易看到前方的變化，為了讓整合更具競爭力，要培養新的被整合者。早期宏碁也是這麼做，我們做半導體、零組件，就算當下有最強的日本關鍵零組件廠商，也必須去想未來的市場變化。

我那時積極在台灣創造「被整合者」的產業，協助更多有競爭力的「被整合者」產生，因為整合者的目標是整合全球最佳資源，就算你再強，若中間有個環節失去優勢，一樣無法維持競爭力。

雖然當下已經有最好的日本廠商，但三、五年後，他們的成本會提高，會讓供應鏈裡出現弱的一環，若我不培養台灣產業的能力，就算宏碁再強，一樣沒有全球競爭力。

永遠都要能創造價值

任何一個人或組織都可能當整合者或被整合者，不管角色為何，在心態上都要從創造價值出發；最重要的是，扮演哪個角色能真正創造價值。

這個價值要有意義、不可取代，才有競爭力，而且還要能夠持久經營，從這個角度思考與選擇自己適合扮演整合者，還是被整合者。如果你是整合者，要考慮被整合者的利益與未來；如果你是被整合者，要設身處地去思考整合者的想法，這也是未來世界生存的王道。

王道心解

在微笑的兩端創造價值

從王道看整個產業的典範轉移，市場生態不斷演進，典範隨市場需求移轉，最後會發展出比較容易創造價值、利益平衡的生態結構。

在這個生態結構下，我們可以看見「微笑曲線」的現象；在產業價值鏈上，製造位於底部，是微笑曲線的根，本身是中性的，它的價值由微笑曲線的左、右兩端決定，例如：製造什麼產品、為哪個市場製造。

找出附加價值

所以，微笑曲線不僅僅是生產、複製而已，它其實是一條找出附加價值的曲線。

尤其，在知識經濟時代，微笑曲線的範圍愈來愈廣泛，舉凡個人電腦、餐飲業、農業產業等，每個產業都有一條附加價值曲線，形狀也各不相同。

發展中的組織要切入製造端，相對比較容易；只是，長此以往，容易供過於求，價值開始下降。

但是，在微笑曲線的兩端，卻可以透過不斷創新，持續創造附加價值。

變動是常態

這是一個變動的世界，愈了解自己能夠創造的價值，愈能夠生存。

動態環境不平衡，生態才有進化的動力；只要有任何不平衡，就會開始變化，直到新的平衡出現。

可是，在追求平衡的過程中，因為動態變化不平衡持續出現，一旦能夠創造出新的價值，就可以引導生態往更好的方向發展。

以品牌經營為例，面對市場變化，組織必須有創新的經營模式、研發創新的技術，才能提高品牌的附加價值。

所以，變動是一種常態，而追求平衡，其實也是生態進化的動力。

企業在追求永續經營的過程中，為了創造更高的價值、維持利益平衡，必須不斷調整改變，以便適應內、外在環境與時間、空間的變化。古人說：「天行健，君子以自強不息！」就是這個道理。

不留一手，更有影響力

二十一世紀，美國的資本主義蓬勃發展，資產在移動的過程中，出現分配不均，促使貧富差距愈來愈嚴重。這是霸道盛行的結果，終於導致2011年出現從美國延燒到全球的「占領華爾街」行動。

這是弱勢求取平衡的必然結果，何時出現，只是早晚的差別。但，縱使眼前面對的是百倍挑戰，卻也有千倍機會。動態世界的生存之道，就是要創造價值，並且追求利益平衡，也就是我這幾年悟出的「王道」。

這種東方思維的王道，重視澤被天下蒼生，企業家要照顧所有利益相關者的權益，可以彌補西方霸道的缺陷，也更能讓企業、社會、環境，得以永續經營。

所以，為了創造更多價值，尤其是間接、無形、未來的價值，王道領導者一定不能有「留一手」的思維，才能發揮更大的影響力。

世界趨勢不斷改變，領導者要做的事很多，絕對不可能靠自己一個人完成，還必須領導許多「將」來協助。就像一個傳道者，吾道一以貫之，透過組織與事業，讓大家一起共創價值。

整合，也被整合

所謂的王者風範，應該要能建構一個舞台，激發人的潛質與潛能。這樣的領導者，他可能是一個整合者，透過衆人創造價值。

當你成為站在制高點的跨領域整合者，依舊別忘記要保持平衡；當你有能力整合利益相關者，無論是有形或無形，除了思考自己是否仍持續創造正面價值，也要顧及所有參與者的利益平衡。

不過，王道領導人同時也是一位被整合者；例如：做為社會的一份子，配合政府去做對社會有益的事。

換言之，王道領導者並不是百分之一百，僅扮演整合者的角色；隨著情勢演變，他也可能成為被整合者。重要的是，他應該重視自己所扮演的每一個角色，包含擔任被整合者時，都要懂得思考，如何扮演哪個角色，才能夠真正創造價值。

　　這個價值，要有意義、不可取代，才有競爭力，才能夠永續經營。

CHAPTER 2

微笑曲線的精髓

微笑曲線這個名稱很容易被接受，
但真正了解精髓的人並不多。
可是，除個別企業外，
思考國家及產業競爭力時，
也可用微笑曲線找出產業附加價值，
制定重點發展策略。

林靜宜看施振榮

你懂微笑曲線嗎？目前已廣泛被國際商學院引用的微笑曲線，雖然只是三個端點構成的一條曲線，卻是施振榮觀察產業四十多年的實戰心法。

《易經》講三個「易」：一是「變易」，人生就是不斷在變化，所以要居安思危，一生之中就不會有太大的困難；二是「不易」，不論外在如何變化，有些原則不能變，否則會亂無章法；第三是「易簡」，亦稱為簡易，易是〈乾卦〉，簡是〈坤卦〉，若能明白乾坤之道，變法則簡單不費力。

以簡馭繁

簡單的微笑曲線，正是面對變化的以簡馭繁之道，它也同樣有三易。

「變易」為身處瞬息萬變的產業環境，可以分析當下的附加價值所在；「不易」是能夠思考如何借重現有競爭力，以創造價值的不變原則，並在未來靈活變化以投入新領域；而微笑法則蘊含共存共榮的王道精神，個體建立新核心競爭力的同時，連帶提升了產業的整體價值，創造出可持續的競爭優勢，是面對競合關係的「簡易」之道。

1992年，施振榮正式提出微笑曲線；二十年後，他重新詮釋驗證後的心得。

微笑？不微笑？

同樣遵循微笑曲線，為何有些人無法微笑？科技、傳統產業實行有成，明日之星的服務業、生技醫療、文創、精緻農業該如何應用？走出微笑曲線底部，朝兩端發展的祕訣是什麼？

微笑曲線這個名稱很容易被接受，但真正了解精髓的人並不多，施振榮說，在知識經濟時代，原本不一定能微笑的產業，大部分也能微笑了。二十五個關鍵密碼，讓你啓動創造價值的微笑曲線。

◉ 第五章 ◉

有價值不夠，要有附加價值

微笑曲線這個名稱很容易被接受，
但真正了解精髓的並不多，
以致在應用上很難微笑。

從1992年提出微笑曲線至今，我仍不斷在思考，經過這些年來的驗證，也做了一些修改，如今這條曲線的應用範圍更廣了。

微笑曲線先在高科技產業領域被廣泛討論及應用，從資訊電子業、半導體業到軟體業，之後被應用在製鞋、自行車、紡織等傳產領域，像台灣自行車的A-Team；紡織業專注創新、設計，開發吸濕排汗機能布，都是走出微笑曲線底部的成功實例。

微笑曲線再思索

這幾年來，我重新思索微笑曲線，將它用來詮釋教育業、服務業、農業、文創、生技醫療等我看好的領域。我發現雖然產業型態各異，卻能找出共通的道理。除個別企業外，思考國家及產業競爭力時，也可用微笑曲線找出產業的附加價值所在，制定產業的重點發展策略。

不過我也發現，雖然微笑曲線這個名稱很容易被接受，但真正了解精髓的人並不多，以致在應用上很難「微笑」，從這幾年的演講與受訪經驗，我也注意到外界對微笑曲線有一些誤解，這正是無法微笑的盲點，歸納大大小小的問題，有四個重要的觀念要先破除（圖5-1）。

圖5-1　微笑曲線四個應用關鍵

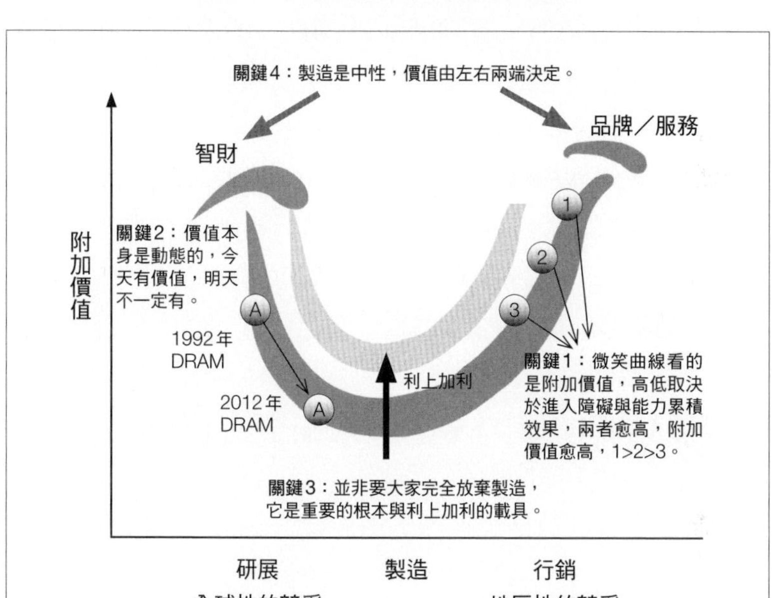

關鍵1：微笑曲線看的是附加價值

微笑曲線是一條說明產業附加價值的曲線，看的是附加價值，而不是大家習慣使用的總產值。

你可以先思考一個問題：「麥當勞為什麼能夠打造全球速食業王國？」若只從總產值來看，乍看之下會以為最大的價值是微笑曲線中間的製造，因為服務業仰賴「人」來提供服務，創造營收；實際上並非如此。麥當勞靠的是品牌行銷、服務管理、創新商業模式等兩端高附加價值的核心能力，這些才是致勝原因。

特別在知識經濟時代，原本不一定能微笑的產業，現在大多能微笑了。曲線左端的智財就是呼應知識經濟，右端的品牌與行銷，則是讓企業價值鏈能夠直接連結目標顧客群，這些才是創造附加價值的關鍵。

借重現有競爭力，創造未來更高價值

每個產業都有一條附加價值曲線，隨著附加價值高低分布的不同，產生不同的形狀，分布高低取決於進入障礙與能力累積效果，當進入障礙愈高，累積效果愈大，附加價值就愈高。

根據此曲線的附加價值分段，不僅可適用於大企業的決策，也能應用在個人開店創業，思考自己所在行業，例如：行業的分工整合趨勢為何？附加價值分段情形？自己的特點是什麼？合適消費者市場在哪裡？進而找出附加價值所在。

當你能夠分析當下的附加價值所在，就能進一步思考，如何借重現有競爭力，在未來投入新的領域，創造出更高的價值。

根據實務經驗，個體在建立新核心競爭力的同時，也會連帶提升產業的整體價值，因為微笑曲線就是一個產業生態的價值鏈分工的「現形」，大家各自把事情做好，就能期待在這個結構之下會有合理報酬。

關鍵2：價值本身是動態的

分工要做得好，並不容易。微笑曲線根據附加價值的高低，可以分為好多段的生意，每段的生意就是「分工」。

這裡要強調，分工的位置是會隨附加價值的增減而改變的。通常一項技術愈趨近成熟，就會產生經濟學裡的邊際效益遞減現象，尤其市場愈開放，競爭者增多，附加價值遞減速度更快，如同IBM開放產業標準，電腦組裝業從附加價值高峰跌落谷底（圖5-2）。

價值本身就是動態，今天有價值，明天不一定仍有，只要別人做出比你更好的產品，你就沒有價值了，這也是當年為什麼很多電腦公司一下子就從市場消失不見。

所以，微笑曲線是會變的，以前成功的模式不一定適用未來，但只要對產業生態分工熟悉，不是皮毛的粗淺了解，就能看出移動的趨勢。

圖5-2 IBM開放標準後的90年代PC產業鏈

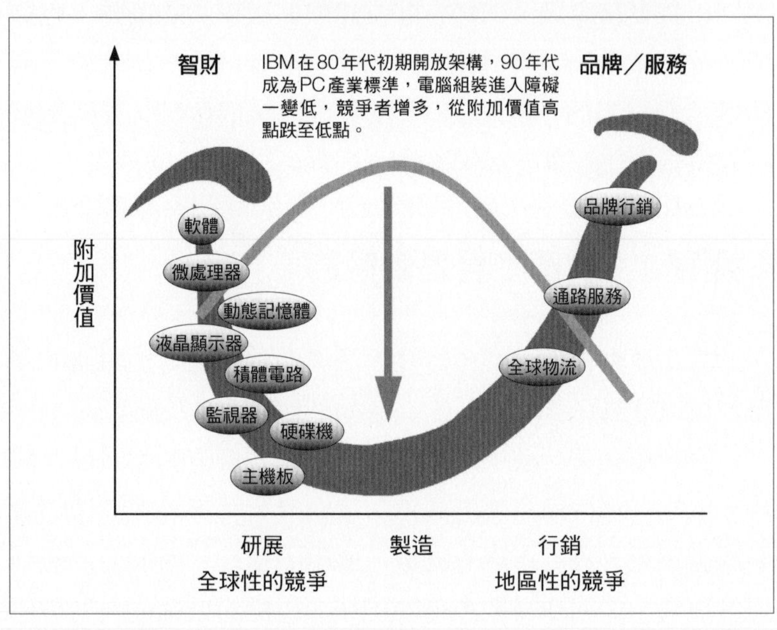

移動準則，取決於市場供需。

電腦問世初期，只有幾家大品牌在競爭，隨著產業成熟，變成一段又一段的零組件分工，產生數以千計的競爭者，同質性分工競爭的結果，讓原本高附加價值減少或變得沒有價值。DRAM原本有技術，又是資本密集的前景產業，後來因市場供過於求，價格直直落，附加價值就不見了。

價值也不是絕對，而是相對。電腦設計製造的初期有很多know-how，宏碁第一次領先IBM推出32位元個人電腦時，那時線路很複雜，還沒有晶片組（chipset），做電腦有很多高附加價值。

後來產業成熟，軟體、中央處理器（CPU）等零組件開始標準化，變成第三者在做，複雜線路也放入了晶片組，高附加價值就從電腦系統移到晶片組。當一樣東西有利可圖，會吸引前仆後繼的競爭者加入，現在晶片組市場附加價值也相對變低。

可以見得，產業生態變動後，典範會轉移，在微笑曲線上，附加價值不再的區段會被拉下來，往底部移動，這是生態系統（ecosystem）運作的結果。

關鍵3：並非放棄製造

我常在公開場合被問到：「為了提升產業或企業的價值，是否意謂必須放棄製造，進而往微笑曲線兩端發展？」

這是個普遍被誤解的問題，我並非要大家放棄製造，相反的，製造在微笑曲線裡是重要的「根」，也是利上加利的「載具」，雖然製造本身的附加價值相對較低，但如果是以全球為市場，經濟規模很大，不可忽視它創造出來的總價值。

思考台灣在特定產業領域是否有機會領先國際，可以發現跟製造的文化（持續降低成本）有相當大的關聯。很多人會把美國、日本製造全球化與台灣製造相提並論，就我看來，出發點完全不同。

產業群聚效應

當年，美國與日本企業發展製造全球化是基於本國品牌的需求，開始布局海外製造，過程中，美、日企業考量整體的競爭力，決定棄守製造，將訂單委由台灣代工。

初期，美國還將製程核心的工程與研發技術留在國內，由於缺乏與製造工廠密切整合的速度、成本、彈性等競爭要素，長期下來，導致從研發到商品化的過程相對無競爭力，最後被迫完全放棄製造。

想成功發展製造全球化，除了人工成本之外，產業群聚效應更是關鍵，雖然人工成本是競爭的重要條件之一，但如果沒有周圍的零組件與設計工程就近供應，也無法產生整體的力量。

反觀台灣，因為幫全球跨國企業代工，展開全球化製造的旅程。多年來，在製造領域累積的實力，成為全球的代工之王，也是台灣最大成就之一。

台灣發展製造全球化之所以能夠成功，不只是因借重海外的當地人工，更重要的是建立起產業的群聚效應力量，製造基地遍及大陸、台灣、東南亞、拉丁美洲、東歐等地，相對競爭力強。

關鍵4：製造的價值由左右兩端決定

微笑曲線上的產業價值鏈，每個環節都要能環環相扣，才能建立新的核心能力，製造正是價值鏈裡重要的一環，由此可知，台灣並不是要放棄製造，甚至必須借重在製造領域的優勢，往兩端強化。

雖然製造的附加價值相對較低，但我把它視為「中性」的載具，由微笑曲線的左右兩端決定它的價值。例如，製造晶片本身沒有價值，而是取決於你做什麼晶片？為了哪個市場而做？就像一個杯子，材料成本的差異不會太大，但如果是出自藝術大師或名家設計，身價就會不同凡響。

正如看待杯子的價值，關鍵取決不在於製造的材料，而是設計創造出來的附加價值。對應到台灣製造業不也可以如此思考？既然已經擁有全球最堅強的實力，如果能在這個根基上，結合智財、品牌，便能突破微利的惡性循環，利上加利，創造更多可能、更多機會。

◉ 第六章 ◉

微笑嘴角的兩端

所有的知識最後都要面對市場，
因此，最終價值就落實在品牌，
品牌也可說是在知識經濟中，
應用最廣、效益最高的智財權。

二十年前，我在白板上畫出這條曲線之後，林憲銘（後擔任緯創董事長）看了看說：「這條曲線很像一個人臉上的微笑。」於是，我們便把這條曲線命名為微笑曲線，也因為有這麼平易近人的名字，使我們能順利與員工溝通，將沒有新知識含量的電腦組裝外移出去。

這條曲線使宏碁成功帶動了台灣電腦產業，讓原本昂貴的電腦，變成多元應用的普及品，還讓我成功與員工溝通，分析產業價值鏈的變化。

我常說，微笑曲線除了是分析工具，也是溝通工具，因為要建立新核心能力之前，需要投入相當的資源與時間，了解價值與定位所在，對內外展開溝通，形成共識，才能順利建立「含金量」更高的新核心競爭力。

關鍵5：愈近左右兩端，新知識含量愈高

你也可以把微笑曲線看成是一條知識經濟的附加價值曲線，愈趨近左右兩個頂端，新知識含量高，含金量也高。底部製造關心的是執行效率，經營知識變化比較少，新知識含量相對較低。

不過，新知識需要累積，否則不但無法持續提高價值，還會有貶值的危機，所以要不斷創新，提高新知識的含量，

價值才會重新體現。右端的經濟效益最大，以市場為導向，包括行銷管理、商業模式、通路管理，透過不斷創新的商業模式，提高新知識含量。

左端的研展知識因為不斷有創新的技術及設計，知識含量可不斷累積，加上發展專利是固定成本，賣愈多，成本愈低，附加價值很高。

例如，ARM公司專注研發ARM架構，聚焦左端的智財，它的商業模式，是販售領先全球技術的矽智財（IP core），授權各大科技業者，設計製造ARM核心處理器、晶片組（圖6-1）。

居安當思危

企業若要永續經營，本就該居安思危。全球經濟連動，成為一體，你無法避免像美國次級房屋借貸危機（subprime mortgage crisis，簡稱次貸危機）、歐債危機這種重創全球景氣的大浪打來，但你可於平常大好時，在不影響原本運作之下，思考與挪出部分資源，為轉型做好準備與暖身，往微笑曲線的兩邊走，也能增加應變的彈性。

一旦碰到不景氣，市場需求銳減，純製造的企業接不到訂單，只能讓工廠人力、機器閒置，開始放無薪假，應變彈

圖6-1 ARM的微笑曲線

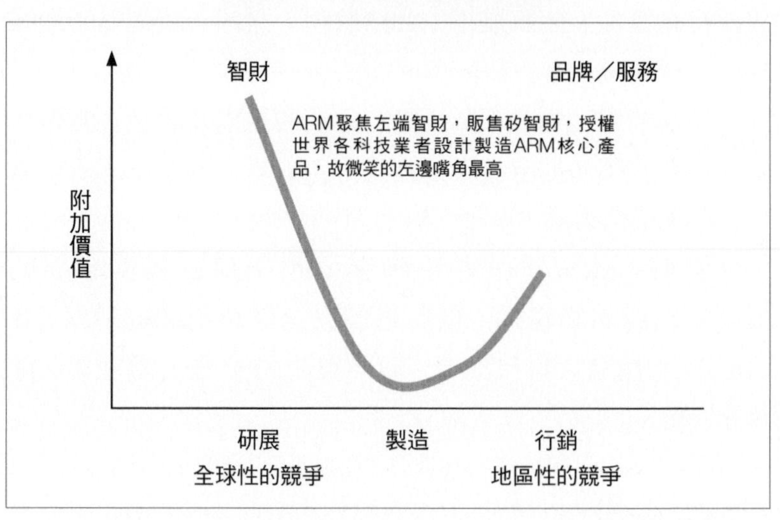

性相對較小。反觀若早往兩端移動的企業，不論是以左端專利為主或偏向右端品牌，兩邊皆有調整的彈性。

市場大好時，研發被市場追著跑，忙著應付短期目標；不景氣時，轉而發展未來三至五年的長期策略。

關鍵6：把微笑曲線端到端做最有效的整合

若是品牌行銷市場縮小，廣告變少，不再忙不過來，剛好可以為人力做長遠的教育訓練，企業要有競爭力，本來就是要投資那麼多的人力去累積未來所需。

話雖如此，落實到執行面，要如何做品牌？坦白說，那不是件容易的事。

以宏碁為例，和緯創分割後，從製造業轉型為服務業，專注發展微笑曲線右端，成為品牌企業，我花了許多心血在其中，因為要從舊有製造思維轉型為行銷思維。製造思維思考的是成本、技術，行銷思維思考的是價值、市場整合，由於整個企業文化與價值觀都是我帶出來的，解鈴還需繫鈴人，我帶頭發動改變，挑戰非常大。

做品牌，就要把微笑曲線端到端做最有效整合，然後再提供給消費者，當中有很多工作都可考慮外包，整體來說，盡量把左邊簡單化，透過標準服務，讓右端的消費者容易取得服務與產品。

善用全球資源

另外，品牌經營者既然是最後的整合者，當供應商出問題，責任還是在你，這麼一來，全球都是你的市場，合作夥伴、人才也來自全球。

蘋果公司（Apple）就是端到端整合的實例，製造外包給台灣，自己只負責做左端的專利，以及右端的品牌、服務（圖6-2）。

iPhone、iPad的價值不只來自那台硬體，還包括背後的應用軟體，將有形與無形的價值整合在一起。

過去三十年，都是華人崇拜西方品牌，中國迅速壯大後，不僅成為世界工廠，更是世界市場，我認為，未來三十年會由華人引領風騷，華人品牌會在世界各地隨處可見。

品牌能力建立需要花兩代的時間。一代若是三十年，我

圖6-2　Apple的微笑曲線

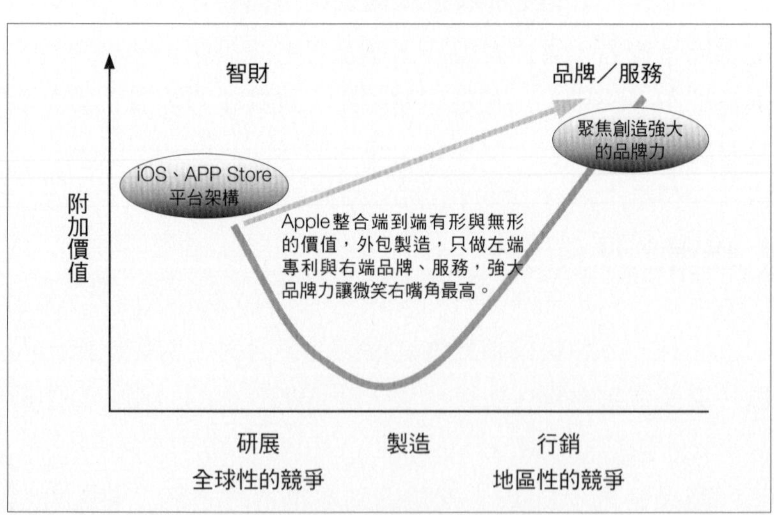

們已做了一代，宏碁、華碩（Asus）、巨大（Giant）、宏達電（HTC）都已是國際知名品牌，證明了這條路是可行的。

關鍵7：微笑曲線最終價值落實在品牌

所有的知識最後都要面對市場，從微笑曲線來看，最終的價值也是落實在品牌。品牌可說是在知識經濟中，應用最廣、效益最高的智財權，一家公司的品牌價值往往是公司淨值的好幾倍，這就是品牌創造出來的價值。

品牌是價值鏈上經營知識的整合者，就算是擁有左端的專利，還是要能連結到右端的客戶市場，微笑曲線上的任何一個行為活動，從頭到尾，每個段落都是為了要提供價值給客戶。

這也是做生意的思考，以客戶為中心（customer-centric）做為思維的龍頭，關心消費者的荷包、時間效益、滿意度、是否容易使用等要項。

所以，知識經濟就是品牌經濟，知識透過品牌在市場上創造價值，以品牌來整合整個價值鏈，各種創新與知識的累積就體現在品牌。

反過來說，沒有品牌的知識其價值相對受限。

舉例而言，有品牌知名度的人寫一本書，大家會去買；

沒有品牌知名度的人，就算寫了一本世界最好的書，可能需要一段時間，等到塑造出品牌知名度時，書才能大賣。

現在的電子書，不再需要微笑曲線底部製造的紙本印刷、庫存成本，書的價值完全取決於智財，也就是誰寫的、誰出版的，直接透過左端連結到右端的品牌。

因此，品牌是台灣的新藍海，我們要積極建立多元化、國際性的品牌，有了品牌，創造的知識相對就有更高的價值，帶領產業走出微笑曲線的底部。

◉ 第七章 ◉

微笑競爭力的八字箴言

產業走向「垂直分工、水平整合」，
這短短八個字說來容易，
卻是我四十年來觀察、思考、實證而歸結的心得。

早期的產業競爭，是以什麼都要做的垂直整合模式運作。宏碁在1976年創立時，就只做貿易、並替客戶研發設計產品。1981年宏碁為了生產微型電腦在竹科設廠，才有微笑曲線中間的製造，同時推出自有品牌產品「小教授一號」，不過當時由於資金有限，產能不足，大部分還是委外製造；後來又因全球分工的趨勢，宏碁還是放棄了中間的製造，專心做品牌，現在回頭看，真是有趣的巧合。

事實上，只要能全盤了解所處產業的分工整合趨勢，就能從微笑曲線上，找出自己的價值所在與最佳定位。

四十年產業變化

我曾經在2000年時提出全球產業的六大趨勢，其中，我觀察到市場會愈來愈大、愈自由，變成無國界的市場，而產業會朝向分工整合的發展，由產品導向變成顧客導向。

如今檢視當年自己提出的趨勢，果然成真。全球分工整合讓世界變平了，知識經濟產生更多有能力的競爭者，垂直整合變得不符合經濟效益，產業也從早期什麼都要自己做，走向「垂直分工、水平整合」趨勢。

簡言之，產業從新興到成熟，大部分會從一開始的垂直整合，最後發展為「垂直分工、水平整合」的態勢，這短短八個字，卻是我四十年看著產業變化得出的結論。

以個人電腦產業為例，早期是將產業供應鏈整合在自己的工廠，從頭做到尾，而後基於效率，供應鏈各個環節開始切割，發展為能夠專注、簡化的垂直分工，這樣不但能有效率的降低成本，各個分工也能專心在自己的領域創新。

至此，新的戰爭就演變成分工與分工的競爭，同性質分工為了具備全球競爭力，必須追求經濟規模，進行水平整合，不僅在一個國家內，而是進行全球的水平整合，最終寡斷市場。

關鍵8：垂直分工、水平整合的趨勢

說實話，縱使知道全球分工的趨勢，我曾被混淆，水平應該是要分工，還是要整合？垂直何時會從整合走向專業分工？也曾經因忽略外部情勢變化，錯估產業動態。

我退休之前，宏碁經過兩次再造。一造面臨公司成長瓶頸，因為康柏電腦（Compaq）一下子降價30%，大環境從高利潤變成低利潤的衝擊，造成公司財務情況吃緊，還處分了龍潭百年大鎮的土地，換取十多億元現金進行再造。

二造的起因是全球有很多整合與併購的行動，大型企業紛紛外包，造成專業代工廠商的崛起，我們卻忽略這樣的情勢，沒有立即將自有品牌與專業代工切割，反而隨著潮流投入網路，結果受到網路泡沫化的波及。

當我想清楚產業發展定律會依著垂直分工、水平整合的趨勢進行後，秉持這個認知擬定變革策略，再根據微笑曲線來看哪裡有價值，然後出考題給自己，選擇較高附加價值、有挑戰性（進入障礙高）、能夠獲得大家讚賞（市場思維）的題目，進行組織改造。

破天荒的創舉

為了符合這八個字的大趨勢，不斷整頓，買公司、賣公司，切割、整併集團資源，當時轉型過程裡，我檢查集團在全球的資材庫存，認虧新台幣四十一億元，讓財務報表反映真實狀況，也讓接班經營者有一個全新的開始，可說是台灣企業界破天荒的創舉。

由此可見，如果沒弄清楚外在環境的走向，當生態變了，還用舊方法，當然會挨打，就會像我以前一樣，繳了不少學費。

生態演化有它的道理，產業發展基於效率，會不斷進行分工，各個分工環節在各自領域聚焦做好，求深求精，產生新價值，此時，產業的客觀環境會是開放的系統，競爭較激烈，每個分工都能夠獨立運作，扮演價值鏈裡的關鍵角色。

不過一旦有價值，就會吸引新競爭者加入，因為有利可圖。當同一種分工變成很多人在做，此時就要進行水平整合，尤其是面對全球競爭的領域，最好能進入世界前三名；換言之，當你跟別人做同樣的東西，就要靠規模勝出。

關鍵9：要有所為，更要有所不為

在垂直分工、水平整合這樣的大環境之下，企業不可能什麼都做，必須將有限資源聚焦於最有競爭力的領域，較弱的環節則進行策略性外包，才不會暴露缺點，因小失大。

如何評斷哪個是最有競爭力的領域？在選擇要跨入哪個領域時，必須先考量你在該領域價值鏈上扮演的角色與地位。從微笑曲線來分析，現在的分工位置在哪？附加價值是高或低？依照現有條件評估未來是否可有作為？若要再往高附加價值的分工移動，還需要具備哪些核心能力？

如果發現在曲線某一點已經站穩腳步，就繼續往上方發展，只要還沒走到頂端就不能停，這是對企業最有利的發展方式。不久的將來，價值鏈的任一環節，即便是最細小的分工，都會面臨世界是平的競爭，只有第一名有比較大的獲利空間，擠進前三名才有生存利基，因此，企業要有所為，更要有所不為。

有所為，是在發展過程逐漸建立起國際化的競爭能力；有所不為，則是為了避免浪費資源，專注在有勝算的領域，在發展期間如果沒有把握，則要思考轉型，甚至是放棄。

無法聚焦的結果會失去競爭力，也會喪失國際化的信心。當世界變成分工，不配合趨勢，還用原來的方法做，你就輸掉了。所以要在不斷演化的動態競爭中，找到有價值的分工，然後聚焦它，就像ARM不做設計製造，只做智財授權的高附加價值分工，讓每家公司都能使用ARM技術。

捨去總是比較困難。大部分的人其實最難做到有所不為，一定要想辦法突破這個瓶頸，因為它是長遠發展要能夠有所為不可或缺的關鍵。

關鍵10：找出有價值的分工

要找到有價值的分工，可以思考兩個問題。

第一個是「Where is the beef？」（哪裡有牛肉），企業為了尋求生存空間，要在產業垂直分工的價值鏈上，找到自己獨特的定位與附加價值所在。

第二個要問的是「Go big or go home？」（要就大，否則就打包回家），這就是水平整合的思維，企業必須追求夠大才具競爭力，否則只能放棄（見圖7-1）。

華人傳統文化本來就有「寧為雞首、不為牛後」的觀念，也帶動了台灣旺盛的創業精神，所以在全球產業分工愈來愈細的趨勢之下，我們還是出現不少規模不大、在分工領域卻是龍頭的新創事業，也因為如此，台灣的高科技產業取得全球領先地位，形成產業聚落，具備世界級的競爭力。

另外，在垂直分工、水平整合之後，會出現「虛擬」的垂直整合者。

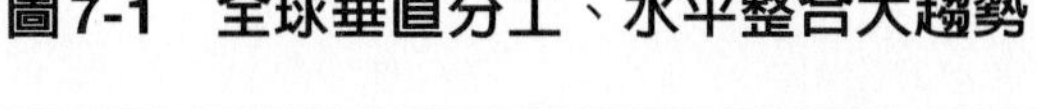
圖7-1 全球垂直分工、水平整合大趨勢

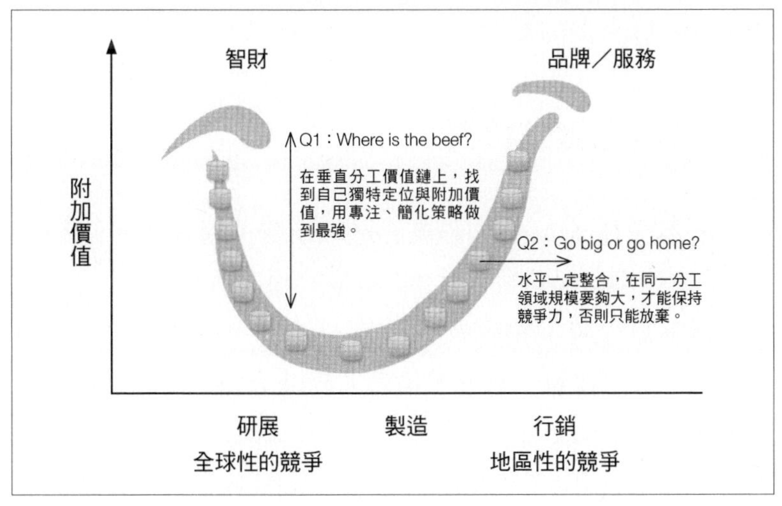

站在市場與消費者的角度來思考，垂直分工本來就對消費者最有利，因為競爭激烈，創新比較快，可以有效降低成本，滿足消費者需求。但消費者不可能自己去整合所有的分工，他們只希望跟一個人買到所有的東西，這時市場就會有虛擬垂直整合的需求。

虛擬（virtual）是有實無名，東西實際上不是自己做，而是串連垂直分工的環節，整合各環節最強、最具競爭力的部分，提供產品、服務給消費者。

許多品牌業者扮演的就是「虛擬垂直整合」的角色。品牌業者是整個分工的一環，它整合各個環節的合作夥伴，為消費者找來各個環節中最強、最好的分工，同時找到商業模式，負起對消費者的責任。

經濟規模與競爭力

既然垂直分工、水平整合是大趨勢，很多人可能會問我：「為何鴻海偏向垂直整合的模式仍然有效？」

鴻海是先具備精密模具的核心能力，在那個領域技術領先全球，又比競爭者更早借重大陸的人力資源，以經濟規模、彈性、速度、品質等優勢，爭取到許多國際大廠訂單，國際大廠也借重鴻海在精密模具的核心技術能力，提升自家產品的競爭力。

鴻海擁有全球3C產業創新所需的核心能力，在產業價值鏈上，就是一個強而有力的「獨特分工」，再垂直整合競爭障礙低的電子零組件與組裝，提供客戶裝配服務，充分發揮該分工與經濟規模的優勢，才有今日的競爭力。

依效率高低決定分工模式

在愈大的市場競爭，當原先的分工喪失邊際效用，為了強化總價值，必須利用現有基礎另起爐灶，跨入另一個分工。新的分工是原分工的再整合，還是獨立成為一個分工，完全視生態的結果，而生態運作則取決於何者較有效率。

在成熟產業裡，生態為了運作得更有效率，會自然走向垂直分工；但是，在那之前，必須先讓各分工之間的整合變得容易，否則，由此產生的產品或服務，縱使銷售到市場上，也無法有效創造價值。

這也就是說，如果在分工與分工之間，兩者整合不易，還不如原本未分工之前有效率，就可以選擇做垂直整合，而不是一定要走向垂直分工的模式。甚至，如果獨立分工後的市場夠大，最好就把它當成新的分工經營，以便創造最大的總價值。

所以，垂直分工或垂直整合，並不一定是哪個比較好，最主要還是必須觀察，看看哪種模式的效率更高。

雖然產業或個別企業的發展，可能會出現不同的情況，但整體來說，還是能透過微笑曲線分析背後的歷程思維，在產業垂直分工、水平整合的大趨勢之下成為贏家，創造自己的微笑競爭力。

第八章

再強，強不過最弱的一環

在產業價值鏈上，
擁有最強的部分可以達到A級境界，
但整合到的最弱部分如果只能做到C級水準，
那麼，整體表現就只能達到C級。

在微笑曲線上，不論是分工者或整合者，都要有個重要的新思維，那就是「再強，強不過最弱的一環」，這是什麼意思？

全球已經是價值鏈與價值鏈的競爭，因此，在整個垂直分工的各個環節中，最強的部分可以達到A級境界，但整合到的最弱部分只能做到C級水準，那麼，整體表現就只能達到C級。

也就是說，整合者只要整合到弱的一環，整體就變弱，分工者則要時時專注，致力成為領域的領導者，才不會變成價值鏈中弱的一環，拖累整體價值鏈的表現。

那麼，組織或企業在發展過程中，該如何評估是要成為分工者，扮演價值鏈的一環？還是變成整合者，整合供應鏈各環節？

關鍵11：分工者要能上下逢源

這完全取決於何者較具競爭力。如果扮演分工者比較有利，謹記專注、簡化、前瞻的策略，與上游、下游廠商做到「上下逢源」，如果做整合者能發揮最大價值，就要整合到全球最佳資源。

每個分工環節的強弱可以從它的經濟規模、與上下游廠商互通的彈性，以及在此領域的技術是否不斷領先全球，來評斷這個「分工」是否具備競爭力。通常，我會以五個標準逐一檢視，這個方法可用於思考整合策略，也適用於分工者評估自身的競爭力。

第一，研發創新要領先。每個垂直分工的環節，都必須具有相當的競爭力，否則整合起來就會有弱點，若技術不是全球數一數二，已經不符合「再強，強不過最弱的一環」的前提條件。

第二，經濟規模要夠大，量愈大、成本愈低，才有競爭力，如同鴻海。

第三，要有足夠的資源持續投入研發創新，否則無法保持領先優勢，容易被後來者迎頭趕上，甚或超前。

第四，要能做到上下逢源。此分工是否能具備與上下游廠商交流、互通的彈性，愈能上下逢源，愈具備快速反應能力，產生創新能量。

蘋果也曾不如意

早期的蘋果公司也是因為無法「上下逢源」，沒有市場競爭力。當時它採用技術最新、功能最強的特殊規格零組件，由於與其他的標準化零組件不相容，價格相對貴，反而變成價值鏈上最弱的一環。

我曾向蘋果公司建議，電腦市場變化太快，它的強處是可自動更新的iOS與使用者介面，應該借重個人電腦標準化零組件來降低成本，同時增加快速應變市場需求的彈性。

捲土重來的蘋果公司後來選擇與亞洲廠商合作，整合全球最好、最新的標準化零組件，發揮它擅長的美學設計、品牌行銷，甚至後來與微軟達成合作的共識，在蘋果公司的個人電腦上也可使用微軟的視窗作業系統與應用軟體，為全球廣大的蘋果迷創造更多價值，今非昔比。

關鍵12：沒有全球能量一起創新就注定失敗

第五，大環境要有競爭壓力，分工才會持續進步。這裡指的是此分工所處的環境，若是保護主義的獨門生意或寡占市場，持續進步的原動力，絕對比不上開放的自由競爭市場。

日本企業就是一個實例。日本最吃虧的是手機、電腦等3C產品都要完全自己做，導致很多日本企業全軍覆沒。

由於文化與民族性的關係，日本企業偏愛整合集團關係企業或國內的關鍵零組件分工，但這不一定是全球最具競爭力的產品，結果整合到較弱的一環，整體競爭力就變弱了，這也是日本企業近年來較沒有全球競爭力的原因。

再來，量也達不到經濟規模。有些原本領先國際的「分工」技術，因為害怕競爭者擁有同樣的利器，不賣給外頭（國外市場），導致產量達不到經濟規模，成本沒有競爭力，也沒有足夠資源再投入創新，只要出現一個能夠「上下逢源」的創新者，就能取代日本。

特別是在世界是平的趨勢下，這樣的情況會更為明顯，一些對本土企業形成保護障礙的天然屏障都將消失，企業要面對全球化的競爭。

當年，一家日本大型企業把旗下IC設計部門獨立出來（spin off），不過只供貨給母公司及其他子公司，結果因為保護主義而失去競爭力，沒有全球能量一起創新，那一環就變弱了，最終注定失敗。

關鍵13：要不斷往附加價值高的上方發展

任何一個企業多多少少同時扮演整合者與分工者的角色。我最常舉台灣設計製造代工業者為例，他們整合很多的關鍵技術零組件，最後製造出創新的產品，同時也被國際大品牌所整合。

但是，微笑曲線的精神就是，企業要不斷往附加價值高的兩端持續發展。比起歐美，台灣相對欠缺國際品牌，從附加價值最高的品牌來看，多半扮演「被整合者」的角色，如果有品牌，就能扮演整合者的角色。

並不是每個人都要做品牌，或只做代工就是不好。做品牌不一定比代工賺錢，不賺錢的品牌不做反而好，只是大家要進一步思考，代工能否永遠做下去？

未雨綢繆

如果能夠不斷創造新的核心能力，讓代工永續經營，沒有威脅，代工就是一門好生意。但是，你不能一直靠著擅長的領域來賺錢，有一天競爭者也會建立起相同的能力，利潤也會因為競爭者的出現開始減少，甚至被競爭者超越，屆時，原本的優勢盡失。

因此，站在整個產業發展的立場，經營品牌是未雨綢繆，當代工受到威脅時，因為整個產業同時具有品牌經營的新核心能力，就可以保護代工不被淘汰。

做品牌，就是扮演整條價值鏈的整合者，所涉及的知識比做製造所需的更廣。除了必須充分了解整個產業的價值鏈，知道哪裡有最好的資源，還要具備整合的知識與能力。

不單是因為在產品、服務本身，需要有智財權的價值，在經營品牌的通路管理、行銷、商業模式，也需要擁有很多知識，才能順利把品牌落實到每個市場。

因此做品牌的知識價值高，附加價值也高，但是只要一個環節出問題，品牌就會出問題，隨時要注意「再強，強不過最弱的一環」的生存法則。

其實，不是只有直接面對消費者（B to C）的公司需要品牌，做代工製造服務（B to B）的公司也要有品牌，這就像每個人一出生就有自己的名字，只是訴求對象有所差異。

很重要的是，建立品牌需要長時間的累積，企業在成立的第一天，就要用「零存整取」的策略來做品牌，如同存零錢，每天存一點，長期下來才能累積一筆財富。

關鍵14：經營品牌是整合每個環節

經營品牌是整合端到端，每個環節都要做好。我把它分成兩段來看，前段是投入創新研發、製造品質的「創造價值」，後段是品牌、行銷、通路、運籌、服務等「實現價值」的分工（見圖8-1）。

台灣並不是完全沒有經營品牌的能力。台灣具備「創造價值」的前段能力，例如：成本、速度、彈性，也擁有世界級的製造能力，製造更是很多台商的看家本領，基本上已經算是A級水準。

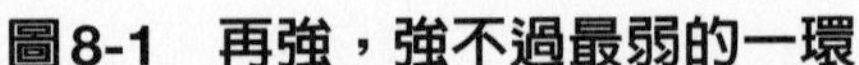

圖8-1　再強，強不過最弱的一環

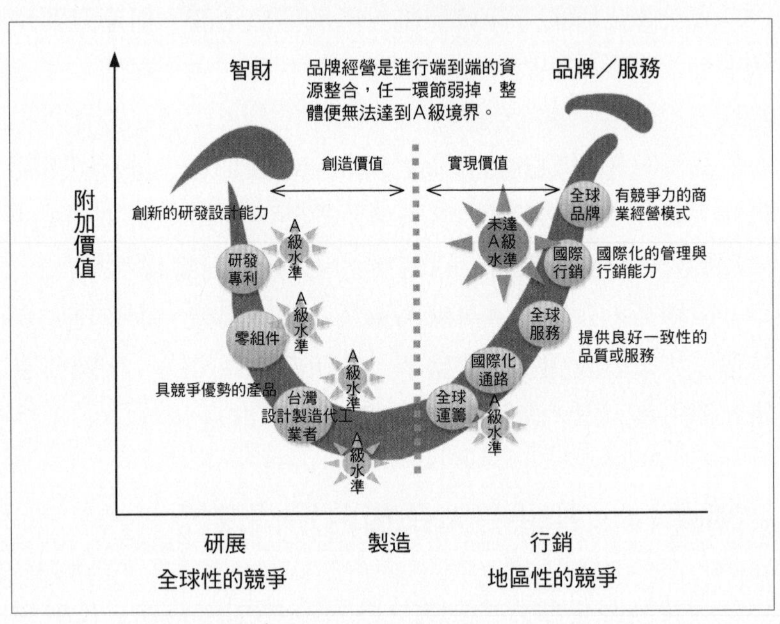

比方說，國外品牌要有50％毛利才有淨利潤，但台灣廠商如能建立經營品牌的能力，因為相對成本較低，只要毛利30％就能獲利。不過，品牌行銷的毛利雖高，如果經營能力不足，最後仍會虧本，「再強，強不過最弱的一環」，這也是很多品牌經營不賺錢的主要原因。

當你在後段的能力是C級，到海外去跟A級的競爭對手打，當然打不贏，如果我們能挪出一些資源，慢慢把C提升到B、再到A，甚至到A^+，加上原有的製造能力與產業群聚效應，台灣仍然有機會在此基礎上發揮，成為品牌的整合者。

每次演講，都會有人問我品牌該不該做？要怎麼做？台灣未來潛力產業在哪裡？我的答案從來不變，就是要做品牌，這是基於永續競爭力的思考。

而且，我認為台灣的下一個兆元產業，不一定要在某個特定的新產業，而是在現有基礎上，所有產業藉由「品牌」提高附加價值，創造出的總價值一定超過兆元規模，這樣也不會對原有產業造成排擠效應。

品牌是知識經濟的新兆元產業，品牌經營是企業必須建立的新核心能力，如果對未來沒有預做投資，長期發展肯定會遇到瓶頸。或許，大家更想知道培養這個新核心能力，需要多少時間？

大家要有心理準備，建立一個成功的全球品牌沒有速成法，因為客觀條件仍不足，在台灣至少需要二、三十年，在美國則可以少於十年。

關鍵15：品牌經營是追求相對大的目標市場

宏碁經營品牌已經三十多年，我個人從事品牌行銷也近四十年，而在有限的資源與時間之下，方法很重要。

我的方法就是在時間充裕時，及早做、從小做起，品牌經營是追求相對大的目標市場，並整合端到端的所有資源，創造具有競爭力的商業模式。

如果你發現在A市場已有大的競爭者，就選擇其他你有能力進行端到端整合的潛力市場，例如在B市場做到比競爭者大，只要在那個目標市場是相對大即可，即使在全球市場所占比例規模不大。

有人認為，小公司沒有資源打品牌，這是錯誤的觀念，全世界有哪家品牌公司不是由小做起？Google、宏碁都是由很小的公司開始經營品牌，剛開始時資源也都不多，重要的是如何有效經營。

經營品牌無大小

小公司擁有的資源雖然不如大企業，還是可以用有限資源，集中在特定的市場區隔來打品牌，找到獲利的經營模式之後，再逐步擴大規模，以時間換取品牌知名度，仍然有機會成功。

品牌經營沒有大小公司之分，重要的是能否找到對的市場，建立能夠獲利的商業模式。

商業模式是可以隨著時間改變的，商業模式不對，經營品牌根本賺不了錢。

自創品牌要在最短時間內就建立獲利模式，甚至可說是第一天就要開始賺錢，有利潤才能支持品牌發展，否則品牌的生命會是短期的。

做，就對了！

另外，正確的品牌心態很重要。尤其是原本只做B to B的企業，過去不用接近最終客戶，只面對中間的代理商或最終產品製造商，回過頭做自有品牌時，比較不容易掌握最終顧客實際的需求，常出現做品牌就是要訂高價的誤解，結果出師不利。

企業必須了解，並非讓客戶付高價買產品才叫品牌；相反的，品牌要創造的是合理價值，讓顧客因為你的品牌形象好、價位合理而持續購買。

品牌到底該不該做？再過三十年，我的回答依然也會是：「做，就對了，而且從小做起。」

◉ 第九章 ◉

別做浪費青春的事

產業發展不該只追求自製率，
要改以附加價值去思考，
否則很容易落入整合到最弱的一環，
失去競爭力。

半導體業有個著名的摩爾定律（Moore's law），意思是指IC上可容納的電晶體數目，每隔十八個月便會增加一倍，性能也提升一倍，換算為成本，生產同樣規格的IC，成本可降低一倍，2011年，處理器龍頭大廠英特爾（Intel）再度預言，摩爾定律不死。

摩爾定律的確讓矽晶圓可以搭載更多功能，追求高效能、低功耗、更持久的電池續電力，技術不斷升級，產品持續進步。可是，我卻在1992年，體驗到經營者愈來愈辛苦這件事。

宏碁本來做得好好的，忽然之間變成虧損，我順著摩爾定律的邏輯實在想不通，我們跟著趨勢，追求創新技術，讓成本降低，理當利潤不會變少才是，為何會變成低利潤甚至是微利？後來我才想通，這個時代要看附加價值的變化。

關鍵16：對於低附加價值產業要主動空洞化

有個觀念可以先釐清，產品自製的附加價值比較高？還是外包的附加價值比較高？

大部分人會直覺自製的附加價值比較高，因為利潤掌握在自己手上，不用給別人賺其中的利差，這樣的想法不能說是錯的，但為什麼自製率高的製造產業還是會面臨空洞化的危機？

那是因為這些產業的自製率雖然很高，附加價值卻很低，等於沒有創造應有的價值，反而浪費有限資源。用自製率思維來發展產業，很容易整合到最弱的一環，失去競爭力。過去，大家都是以自製率來思考，政府在評估產業升級的標準裡也強調自製率。

與其追求產品自製率，倒不如看附加價值率，附加價值是人所創造出來的價值，簡單來說，買進與賣出兩者間的差距就是附加價值，若買進九十元，以一百元賣出，附加價值為十元。

有捨才有得

嚴格說來，附加價值高的才要自製，利潤高的關鍵性零組件也要想辦法自製，但如果是大家都有，附加價值低的產品，外包反而能夠提高整體價值鏈的附加價值。

日本就是什麼都要自製，如果它僅做智財授權的生意，附加價值仍然很高，可是一旦堅持日本製造，因為這段附加價值低，甚至是虧損的，就會拉低整體價值鏈的獲利能力。

對於沒有競爭力、低附加價值產業，要主動空洞化，趁早轉型，將有限資源投入有希望的明日產業。日本就是擔心製造外移會造成產業空洞化而裹足不前，最終在製造的全球布局中喪失利基。

關鍵17：將資源轉到有市場價值的領域

很多直覺思維會產生思考盲點。從就業的角度，可以理解大家不喜歡空洞化的直覺思維，因為要保有國內的工作機會，就業率才不會大幅下降，但這只是表相。

事實的「真相」可能是，毛利低到不能再低，已經是賠錢生意，根本沒有附加價值，卻為了現階段的就業率，政府不斷紓困，留下早該倒閉的企業，或讓有空洞化危機的產業喘息活著，其實都只是在做浪費青春的事。

明知家傳事業已經無利可圖，是夕陽產業，硬留著孩子接手經營，做得半死，浪費他們的大好青春。

這就是人性，假裝看不見後頭更大的困難，只想度過眼前景象。

當初，媒體問我，「台灣的DRAM產業該怎麼辦？」我給了兩個選擇。第一個選擇是，不要浪費青春，將資源轉到有市場價值的領域。台灣DRAM產業已無法再為社會創造合理的附加價值，但它耗用的資金及人才相當龐大，社會資源有限，這實在不符合王道。

王道，有兩個核心內涵，一是要能為社會創造價值，二是要兼顧所有利益相關者的平衡。放棄也是一種解脫，將資產轉讓，換回資源，還給股東或進行轉型，不要再讓機器設備閒置、人才浪費青春，這是一件功德無量的事。

善用剩餘價值

第二個選擇是聯美日抗韓，對抗三星（Samsung）的一枝獨秀。當日本DRAM大廠爾必達宣布聲請破產保護時，多數人說對台灣DRAM產業無疑是雪上加霜，我卻不這麼看，反而認為是一個擺脫困境、迎頭趕上的轉機。

台灣可以善用爾必達的「剩餘價值」，即現有的技術與人才，結合台灣在半導體產業與資通訊系統的優勢，讓這些資源重新發揮效益。

以籃球競賽來形容，過去的打法是日本主攻、台灣助攻，導致雙方全球競爭力都不足，現在應由台灣主攻、日本助攻，重新組合後再出發，未來仍有領先的潛力，而且任由韓國獨霸，全球產業生態的長遠發展會不健全。

面板產業也是，記取DRAM產業的教訓，在產業仍有利的關鍵時點，參與者與利益相關者都應該放下面子，合作開創新局，重新建構一個全新又能贏的合作架構。在全球競爭激烈的市場，沒有面子問題，只有能不能贏的問題。

關鍵18：用價值創造思維延展新的附加價值

我印證了二十年，可以肯定的說，看未來的發展要從附加價值去思考；提高附加價值有兩個方法。

過去，提高附加價值的方法是用原來的成本，追求更大的量。

很明顯的，第一個方法是降低成本（cost down）的思維，在世界各地也都有成功經驗可探討。這點很多台商都做得很好，主要是透過設計製造代工掌握全球市場，將製造外移到大陸、東南亞等海外市場，擴大產量，以經濟規模，加上速度、彈性的營運模式強化競爭力。但現在光靠降低成本的策略，已經不足以維持永續競爭力。

第二個提高附加價值的方法是借重現在的條件，延展出新的附加價值，它是價值創造（value up）的思維，也是產業文化所需的新思維。

當產業無利可圖時，要主動空洞化，及早將有限資源轉型做高附加價值的新領域。

如果已經做到全球最大產業規模，雖然是微利，我的建議是利上加利，借重現在的條件，創造出新的價值，這種策略很適合用於傳統產業（見圖9-1）。

原因是傳統產業相對市場較大，舉凡日常生活的必需品都能含括。再加上這個產業利潤低，對歐美先進國家沒有誘因，因他們的市場規模大、機會多，不必將創新能量放在傳統產業。

但是對我們來說卻是個好機會，傳統產業如能在原有（降低成本為主）的競爭力之外，輔以「價值創造」，雙管齊

圖9-1　主動空洞化與利上加利的微笑策略

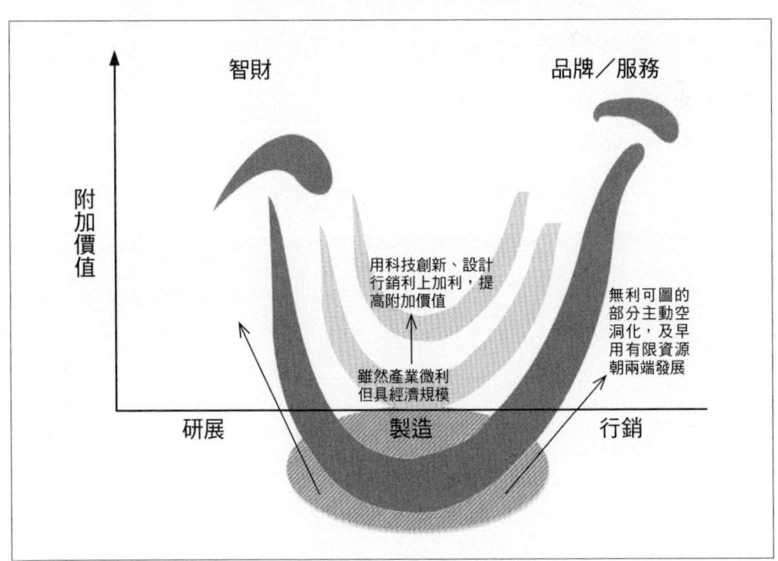

下，從研發科技提升功能，並由設計行銷創造品牌，在國際市場的勝算一點也不輸給高科技。

成本不是絕對優勢，只能是相對優勢，傳統產業過去打品牌的少，現在應該好好思考，哪些是可以借力使力，做為創新的來源？

傳統產業最大的創新來源，其實是科技創新。

台灣不缺創新能量，國際日內瓦發明獎很多得獎者是台灣人。捷安特也是把高科技用的碳纖維技術運用到自行車架，再以品牌、設計打造國際品牌。

除此之外，我看到一些紡織廠商的創新能力也不差，與國際時尚舞台連線，都能研發出最新的設計、布料，這就是價值創造的思維。

關鍵19：薄利多銷不等於低投報率

我在十年前就說過，個人電腦產業已經是傳統產業，因為發展已相當成熟。

成熟產業的特色是，企業有能力深入了解消費者，並持續創新，而每項創新性產品，不到三年就會變為成熟產品，如小筆電、平板電腦。儘管瞄準新市場，但是從原有市場延伸成熟技術，針對某種應用、某種業務、某個消費族群所分割出來的，並非突破性的創新，生命週期不會太久。

當然，個人電腦產業未來僅能維持低成長或不成長，我同意不值得重複投入太多的投資，不過，台灣一定要好好借重原本基礎，將此優勢延伸到其他產業，進行創新加值。

也就是說，在現有的硬體載具利基結合軟體服務，延展出新的附加價值，這好比開一艘航空母艦，在上頭再裝載各式各樣的武器，等於是利上加利。

我看過不少唱衰個人電腦產業的言論，說它是夕陽產業，我倒不這麼認為，因為有時不能小看薄利多銷的投資報酬率。

算帳不能只看眼前或片面

小時候，我母親的雜貨店裡有賣鴨蛋，比起文具等物品，它很容易壞掉，而且壞了就不能賣，要自行吸收成本。為了新鮮，母親兩、三天就要叫一次貨，我一開始不解，為何不賣文具用品就好？久久才叫一次貨，利潤率又是鴨蛋的好幾倍。

後來我才懂，文具雖然毛利比較高，但使用期較長，且需求量不大，反而是鴨蛋薄利多銷，周轉率快，才能賺較多的錢。

成熟的個人電腦產業也是如此，尤其是台灣的個人電腦產業本身仍具有一定規模，雖然利潤低，但因為量大、周轉快，投資報酬率算起來不一定低。

能賺錢，還能幫助人類

個人電腦產業對人類的貢獻很大，多數人因為有電腦可用，縮短知識傳遞的差距，還帶動眾多大大小小的零組件產業的蓬勃發展，塑膠、鐵殼供應商也從小公司變成大廠，有些的投資報酬與經營績效，甚至不輸給個人電腦產業，表現更好。

更何況，個人電腦產業間接帶動了晶圓代工、IC設計、面板等產業，以及一連串零組件供應鏈整體發展，效益極大。

我們曾整理2005年至2009年的電子五哥與傳產五哥重要財務數據綜合比較表，從合併營收來看，電子五哥的營收規模成長了94％，合併營收達新台幣4.66兆元，傳產五哥的營收規模成長8％，合併營收為1.01兆元，電子五哥年營運規模為傳產五哥的4.6倍，所創造的就業機會與產業附加價值，亦遠勝於傳產五哥。

在淨值報酬率（ROE），電子五哥約14.5％至19.9％之間，傳產五哥落在10.2％至16.2％之間，除了2005年略低於傳產五哥外，電子五哥較傳產五哥高出約4%。

關鍵20：從製造科技島變成服務加值島

1989年，我提出台灣成為科技島的願景，經過大家的共同努力，90年代末期台灣已經是科技島。2006年，我再提台灣成為「加值島」的想法，因為領先的科技是加值的基礎。

進步的過程是山路，當路不是直的，你的方向盤就要抓得穩。台灣主動空洞化後，要創造自己的新定位，成為大中華市場的創新龍頭。

即便中國進步神速，早就不只聚焦在製造，沿海大城市的工資，因上漲太多也主動空洞化，製造業不是往內陸走就是外移。

大陸經濟體大，市場也大，就客觀條件來說，經濟發展潛力可以像美國那樣，所以台灣要把握大陸市場，成為「樣板」，就像美國加州以創新能量，成為全美最富裕的地方，全世界的創新如IC、網路、電動車、生技等產業都是從矽谷開始。

台灣可以成為大中華經濟體的創新方向盤，穩穩的在崎嶇山路中前進，新竹以北可以成為大中華經濟區的矽谷，台北變成華人的那斯達克股市，相輔相成。

或許有人會問我，為什麼我們可以？也有很多人說，台灣已經錯過大陸崛起的最黃金時期，因此悲觀的認為只能成為配角。

我不這麼看，正如微笑曲線的精髓，價值是動態運作的，如果還是成本思維，成長當然會有極限，但若是改往兩端的價值創造思維，成長無上限，中國製造早晚也要面臨像台灣這樣為價值創造轉型的需求，走在前端的我們絕對能扮演引領的火車頭角色。

第十章

品牌是下一個兆元產業

品牌是全球最大的服務業，
要打全球品牌需有產銷分工的思維，
從製造思維轉換為行銷思維。

我看經濟發展重要指標，會注意國內生產毛額（GDP）中民間投資與外銷的兩大主力。

多年前，我觀察到台灣的長期發展並不樂觀，過去因為高科技產業持續成長，這個問題並未浮現，近年來高科技產業成長趨緩，大家才開始正視這個問題。

當時，我提出服務業是下一波的成長動力，資源配置應重新分配。對於沒有競爭力的產業，就應該將資源釋放出來，轉而投入台灣有競爭力的領域。

突破思維框架

其實，創新早就受到各產業的重視，觀察兩岸，不論是企業或政府，都願意投入較多的資源發展微笑曲線的智財研發，但我發現，投入右端的品牌行銷嚴重不足（見圖10-1）。

最有可能的原因是，雖然大家都知道品牌的高價值，但尚未擺脫二、三十年的代工製造成功「框架」，因為製造思維與行銷思維所需的核心能力並不同。

在微笑曲線上，產業的三分之二價值集中在右端的品牌服務，底部與左端合起來才占三分之一。

品牌，其實是全球最大的服務業，附加價值最高，可想而知，這裡頭需要多少人才，而且兩岸都極度缺乏品牌人才。

圖10-1　台灣產業目前資源配置曲線

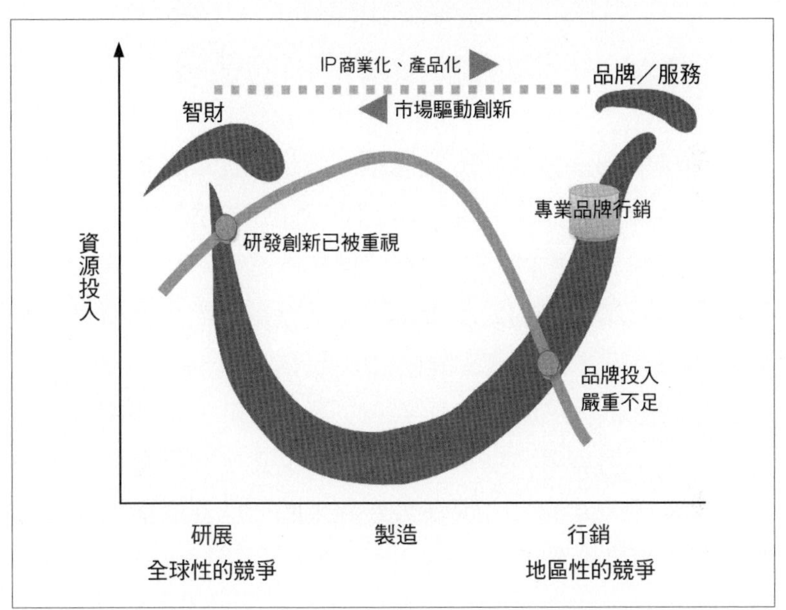

可是，觀察政府所積極推動的產業計畫，目標要創造的產業規模動輒都是以「兆」元來計算，如兩兆雙星，而相對投資在微笑曲線右端的品牌行銷卻不成比例。

台灣不同領域的產業，如果能在現有的產業基礎上，挪出一些資源來發展品牌，這些不同領域的品牌價值加起來，所能創造的價值規模也能破兆。品牌可以說是台灣下一個

「兆」元規模的產業，也是台灣產業發展的最佳保護罩。

關鍵 21：品牌行銷是當地化的競爭

要轉換製造思維到行銷思維，還是要從最根本的微笑曲線來談，雖然是打造一個全球品牌，卻要絕對的當地化。

微笑曲線左端的研究發展，面臨的是全球化的競爭，右端的品牌行銷面臨的是品牌國際化，行銷當地化的競爭，要做到四海為家，把當地當成自己的「家」來經營。

宏碁在歐洲的當地化比美國企業還要徹底，不同的市場有不同的市場規模、消費習慣、社會文化，我們在亞洲用華人、在歐洲用歐洲人。很多台商到大陸市場經營能夠成功也是因為落實當地化。

當地化的經營品牌能力包括當地化的市場研究、品牌行銷、通路管理、售後服務。

當時我以「全球品牌、結合地緣」的策略出去打國際品牌，找尋當地合作對象，甚至當地夥伴股權還可過半，落實當地化，造就Acer品牌在第三世界國家市場的蓬勃發展。

當年合資公司還在墨西哥與新加坡股票上市，其他如菲律賓、泰國、土耳其、印度等合資公司的發展也相當成功，「全球品牌、結合地緣」策略因此被學術界拿來與歐美日的國際化模式相提並論，成為第四種國際化模式。

關鍵22：要打全球品牌必須產銷分工

另一個轉換思維的關鍵是，要打全球品牌必須要有產銷分工的概念，將生產與行銷視為兩個真正的獨立分工，清楚彼此的權責，不能推卸責任。

大部分企業是由製造起家，生產與研發在內部主導，擁有比較大的影響力，行銷部門往往淪為配角，這個觀念一定要打破。如果是不同公司，責任還比較容易清楚劃分，但在同一家公司，兩者之間的責任、義務常扯不清，造成很多的利益衝突問題。

有的製造公司會獨立投資一個品牌行銷公司，這時要視兩者為管理文化完全不同的獨立生命體。

行銷公司不能因為是由製造公司轉投資而受制，投資者更不能有以製造思維影響行銷公司的意念，尤其是製造起家，又在董事會有決定權的大股東，常會不自覺落入製造思維的框框，使得品牌行銷公司不成功。

宏碁與緯創分家後，我完全放手，支持JT（王振堂），如果我跟他說，你要照顧緯創的代工業務，那就垮了，我的觀念是兄弟爬山，各自努力，這也是產銷分工要抓到的核心精神。

又如宏達電的模式，轉型發展自有品牌之後，由於面臨跟原來代工客戶的利益衝突，宏達電完全放掉代工，專心發展自有品牌。

產銷分工的概念出現算早，但過去偏向於銷售活動，這也是很多想發展全球品牌的中小企業無法成功的原因，「銷」不能只是銷售，應該是專注品牌行銷的所有活動。

不論是企業內部的行銷部門或獨立出來的品牌行銷公司，他們的分工就是掌握市場脈動，提供策略方向，讓微笑曲線左邊的研發、IP連結到市場，產品成功市場化。

另一個重要任務是市場驅動創新，由右端品牌市場，找出消費者需求，驅動左端的研發創新。品牌行銷團隊的重點不在於規模大小，而是能否逐步建立行銷文化，累積企業品牌行銷的核心能力（見圖10-1）。

關鍵23：用共存共榮的王道建立國際兵團

品牌需要時間累積別人認知的形象，而不是自己認定，國家品牌同樣也是外界對於這個國家的人、地、事、物的總體印象。

經過長年的努力，國際對於台灣中小企業的認知是「氣很長」，能跟大家做朋友，我們長年累積的創新能量、多元、良善的風土民情、文化素養、重視誠信，讓全世界認為我們可以信任，這就是台灣最具優勢的「品牌」潛力。

有次，我跟Google執行董事長施密特（Eric Schmidt）對談時，被問到台灣與韓國有何不同？我回答：「台灣是大家的朋友，韓國是大家的敵人。」

韓國產業集中在三星、樂金（LG）少數幾家公司，高度垂直整合，由一家公司掌握全部供應鏈，風險過高，根據過去與韓廠合作的經驗，韓國的民族性往往是以自身利益為最大考量。

台灣的產業則不一樣，是由很多公司組成的完整供應鏈，廠商彼此分工，保持開放態度，是全世界最佳的創新夥伴，所以我說台灣是大家的朋友，行的是共存共榮的王道。

我講了這麼多年的品牌，台灣企業現在要做品牌，比起過去的形象相對好很多，靠點點滴滴的努力，不管是個人或組織團體，累積成對國際社會有貢獻價值的台灣形象。

從宏碁、華碩在個人電腦、宏達電在智慧型手機、捷安特在自行車市場、慈濟在公益志業、雲門在表演藝術領域，以及不少台灣中小企業在國際成功發展品牌的故事，全世界，連同我們自己在內開始相信，華人的自創品牌可以成為全球領導品牌。

品牌文化要成為主流，才能改變製造文化的心態。文化怎麼來？就是多數人擁有相同的價值觀與信念，愈來愈多人不斷的講、不斷的做。三十年前，大家講品質文化，現在沒人再這麼講，因為已經內化成為基本要求了。

多元合作，互利互惠

品牌文化也是需要時間累積，這個過程需要學習，台灣受限於先天市場小，要走這條路，就要自己走出去，創造可以歷練的舞台。

雖然本土企業在國內打品牌的能力很強，廣告公司也擅長替來台的外國公司在本地打品牌，但他們都欠缺品牌國際化的能力與經驗，不知如何把台灣產品包裝行銷到國外。不過，台灣可以把「當大家的朋友」化為優勢，以共存共榮的王道打造國際品牌行銷團隊。

要出去打仗，本來就要建立國際兵團，尤其是經營市場的人才，一定要是一流的；若你去歐洲市場，沒有用當地頂尖人才，根本打不過人家。更何況，藉由這樣的過程，台灣人才也能從多元化的團隊合作裡，累積經營品牌的核心能力。

對外國人來說，由於台灣已經有完整供應鏈，如果沒有台灣，獨立打仗，勝算也不大，如果跟台灣一起打仗，風險可以降到最低，我們需要時間培養國際品牌人才，因此可以借重認同台灣價值且願意長期合夥的外籍兵團。

這些外國人才，要從哪裡挖角？

台灣的設計製造代工產業，經過二、三十年的發展，早已累積許多國際人才資料庫。對方可能原本是客戶公司的幹部，想要自己創業；或者，本來就是合作密切的經銷商。無論來源為何，他一定要是了解台灣的人，這樣才能建立一個有共同價值與共通利益的國際兵團。

當國際團隊的主角

要「賣」台灣品牌，台灣要占有重大的分量，當國際團隊的主角，否則就不是台灣品牌，像蘋果公司的供應鏈也是靠台灣，但它就是美國品牌，與台灣無關。

我在智榮基金會成立微笑品牌發展中心，就是想把外國來台的留學生訓練成台灣品牌外銷的尖兵，等於是從「少棒」（指尚未出社會者）開始培訓選手。

但是，這些人還是需要實戰舞台，才能培養成職業選手，所以我退休後，只要時間、狀況允許，就會透過演講、訪談及參與活動，鼓勵大家成立「職棒」（指已出社會具備工作經驗者），把現有的製造能力延伸到微笑曲線的右端，以前做B to B，現在建立國際品牌，做到B to C，企業直接面對消費者。

關鍵24：成立專業品牌行銷公司

另一方面，要解決台灣企業目前普遍缺乏品牌行銷人才以及品牌國際化能力的問題，還可以成立專業的品牌行銷公司，專注在微笑曲線右端的品牌行銷活動，整合端到端的最佳組合模式。

專業品牌行銷公司可以由現有的貿易公司轉型，除了銷售產品，再往上升級，培養國際品牌行銷的核心能力，或是整合同一產業領域的公司，由外貿協會衍生成立或同業共同投資。

這種模式適用於分工體系已趨成熟，又具有競爭優勢的產業，如台灣的高科技、傳產、農業、國際醫療、手工機具、數位電子產品、休閒器具、文化創意、美食等領域，不論是服務業、農業、製造業，皆可成立專業品牌行銷公司。

因為對專業品牌行銷公司來說，需要為多家廠商服務才能產生經濟規模，最好產品線能夠互補，透過整合上下游供應商，強化競爭力。

專業品牌行銷公司的任務包括國際市場需求的相關研究，掌握市場需求所在，強化品牌定位，同時，整合國際人才，落實當地化的通路及品牌管理。

◉ 第十一章 ◉

展現令人心動的皓齒笑容

服務業的創新通常是商業模式的創新，
必須考慮微笑曲線上的所有細節，
附加價值最高。

最近這兩年，服務業的餐飲新貴快速竄起，取代了過去以研發、製造為主的科技新貴，就微笑曲線來分析，這樣的趨勢走向一點也不意外。

服務業的創新通常是商業模式的創新。在創新的過程裡，必須考慮微笑曲線上的所有細節，整合全球最佳資源與合作夥伴，最好是同時擁有研究發展與品牌服務兩個頂端的核心能力，才能找出最佳組合。

另外，也要重視還有哪些分工環節能創造出新的價值？哪些地方需要強化才能有效體現商業模式？相對來說，知識含量極高，創新的附加價值高。

不過，商業模式創新的附加價值雖然最高，挑戰也最大。它不似科技技術的創新，在實驗室開發成功後複製相對容易。

在現實世界修練

服務業面對的是消費者，它的實驗室是現實世界的生活（Living Lab），經過市場的驗證及修正調整，納入客戶實際的反應後，變成相對完整的經營知識，之後還要不斷與市場溝通，由小而大建立品牌形象，不像一般製造業產品處理的是死的定數。

正因為服務業面對的是人，有很多活的變數，只能把當中可控制的部分模組化，做為客觀環境的標準作業流程（SOP），但是在現場提供服務時，必須針對顧客的特性及需求，彈性應用。

在服務業裡，與顧客的每個接觸都是決定體驗價值的關鍵時刻，常會發現造成顧客不滿意的原因幾乎都是錯失關鍵時刻。王品集團就將客戶滿意度與員工獎勵結合在一起，強化現場即時反應，保持有彈性的執行力。

靈活應變

客戶滿意度其實就是無形的「期待」管理，最終目標是提供滿足顧客期待的服務，當中所有的過程都是人與人的關係，不同的服務人員碰上不一樣的顧客，就會產生不同的火花，所以每個環節都是活的狀態，更需要例外管理。

比如，許多知名的國外餐廳會授權現場人員某個比例或金額的自主權，做為滿足顧客期待的彈性應用工具。

在我看來，現有的產業都能延伸為服務業，以商業模式的創新為客戶創造新的價值。資訊科技時代，戴爾、台積電就是以服務業概念，用創新的商業模式改變整個產業鏈結構；Google、Facebook也是全球服務業，用全新的商業模式創造出雲端社群時代。

關鍵25：整案輸出會是新的品牌外銷模式

但是，服務業要怎麼輸出？

服務業的特質是要在市場所在地提供服務，需要整合當地人才方能進行複製。

三十多年前，製造業曾討論整廠輸出這個議題，不過整廠輸出給客戶，日後會出現產品在市場相互競爭的衝突情況，比較容易直接影響到國內就業的機會。為了帶動服務業的外銷，我認為可以採用「整案輸出」的新概念。

整案輸出就是將整案服務（Total Service Solution）整體輸出，包括整合創新的商業模式、端到端價值鏈的標準作業流程、標準培訓教材、全員品牌管理手冊以及品牌的經營知識，同時借重ICT平台，以本地市場經驗為典範，整案輸出到海外市場，透過與當地團隊合作進行複製，在服務時管控品質、成本、效益（見圖11-1）。

未來，整案輸出會成為一種新的品牌外銷模式，不但能協助現有產業以服務進行微笑曲線上的加值，還可以走上國際市場，提供國內人才更大的舞台，也由於必須由當地員工落實服務經營知識，亦可對國際社會有更大的貢獻。

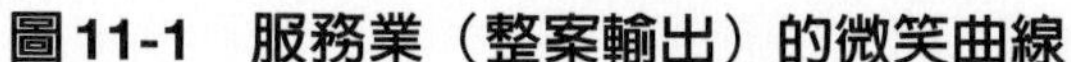
圖11-1 服務業（整案輸出）的微笑曲線

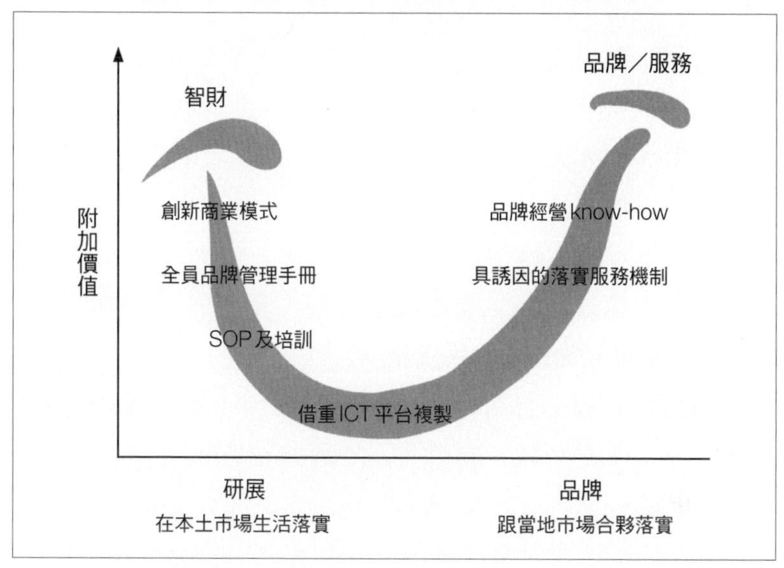

而且，輸出服務的過程中，還能把本國產品納入銷售間接輸出產品，絕對有利於產業的長期發展。

現在是投入整案輸出創新的好時機，這是極具發展潛力的未來。過去，服務業在各地都有保護主義與當地的規範，像醫療業、金融業、流通業、交通業等，在全球化浪潮之下，各國服務業已逐漸自由化。

如果能將服務業成功經驗複製到海外，估計將可創造超過十倍的附加價值。

整案輸出前先調整心態

自由化後的國際服務業競爭是一流水準的競爭，以往，台灣的整合能力與經驗相對較弱，加上產業各自為政的文化，皆是推動整案輸出的挑戰，必須制定出不同領域參與者共同利益的機制。

很多不合時宜的舊觀念也需要改變。例如，與服務業相關部會的心態就要由「管制部」變為「開發部」，需要更宏觀的跨界思維及更深遠的長期策略。

因為整案輸出必須結合各產業領域的成熟經驗，如ICT運作平台、產業知識、流程、人才訓練、品牌經營等，才能提出創新的商業模式。然而，既然是產業跨界合作，想當然所需開發時間更長，需要的人才也更多，在評估產業效益上應該重視無形價值的衡量指標。

台灣有幾個服務業深具國際化潛力，值得投入整案輸出創新。首先是生技醫療，特別是醫院管理顧問、連鎖專業醫院、健檢照護這些領域，台灣醫護人才水準高，更具備生醫、電子領域的優秀人才，加上雄厚的ICT產業實力，適合發展國際化醫療服務業。

其他如流通業的量販店與便利商店、金融業、餐飲業、精緻農業、文創、教育培訓與顧問等，同樣可透過微笑曲線進行商業模式的創新，帶動整體價值鏈向上提升。

以下用餐飲服務、精緻農業、醫療產業、文創產業為例，實際說明它們的微笑策略。

餐飲服務業成立台灣美食品牌開發公司

台灣美食世界知名，我走過世界那麼多地方，從沒看到像台灣一樣，幾乎每幾步就能有家小吃店，每幾百公尺就能找到餐廳，而且日夜皆有美食能滿足各式各樣的飲食需求。

尤其是常可在藏身巷弄的小店嘗到看起來不起眼，卻出乎意料美味的驚喜，像我自己的故鄉鹿港就有許多著名的小吃美食，目前我也積極整合各界的資源，希望能將鹿港在地美食推薦給更多的人。很多外國人特別造訪台灣這個美食之都，就為來喝聞名全球的珍珠奶茶，吃遍各大夜市小吃。

台灣已有某些知名的餐飲服務到海外拓點，像85℃、王品集團，多半還是以大陸市場為主，其實我們的美食國際化策略，有本錢整案輸出至全球市場。

雖然台灣美食業者國際化經驗不足，需要訓練更多國際管理人才，初期可以先善用全球人才解決難題，例如與貿協在海外的駐點合作，或是尋找海外當地相關機構攜手合作，推廣台灣美食。

從微笑曲線來看台灣美食品牌化（見圖11-2），左端是美食的研究發展，如：開發新食材、食譜與烹調法、保鮮技術等，右端是美食的品牌行銷，經營台灣美食餐廳的品牌，發展加盟店、通路，創造更高的附加價值。中間的製造轉為本土市場實驗室，先在台灣進行實驗，由小到大，建立標準化程序與成功的營運模式，再一步步擴展至海外市場。

為了降低品牌營運成本與風險，產業可以成立台灣美食

圖11-2　餐飲業國際化的微笑策略

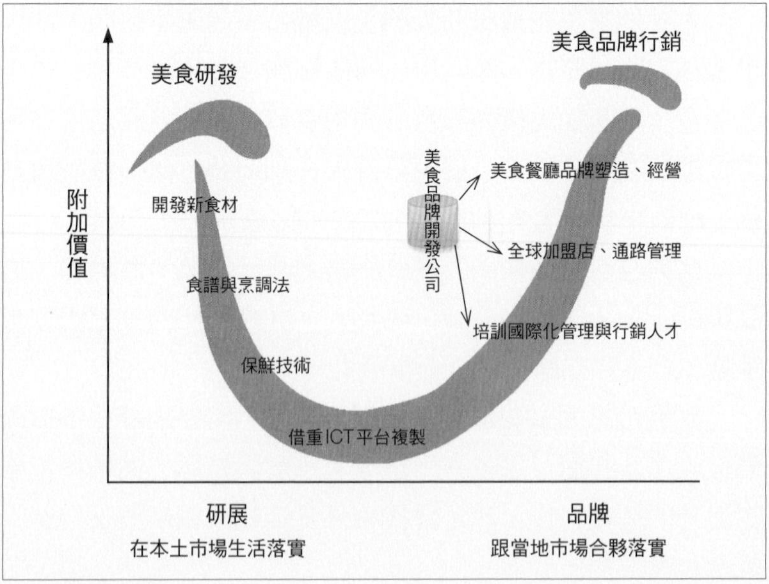

美食研發
美食品牌行銷
附加價值
開發新食材
食譜與烹調法
保鮮技術
借重ICT平台複製
美食品牌開發公司
美食餐廳品牌塑造、經營
全球加盟店、通路管理
培訓國際化管理與行銷人才
研展
在本土市場生活落實
品牌
跟當地市場合夥落實

品牌開發公司，由它專注在不同定位的品牌塑造、全球通路管理，隨時應變市場調整品牌策略，這樣的好處是各業者能夠平均分擔風險，將主力聚焦在自己的核心優勢，透過共享利潤的機制，建立起產業價值鏈。

精緻農業也可以微笑

世界各國的農業問題向來都是政治問題，如果單純就農業經濟發展，同樣適用微笑曲線的發展策略。

在這裡，藉由反向思考應可解決長期以來農業發展的瓶頸。我們可以思考一個問題，如果將台灣的農業生產外移至大陸，但保留先進的農業技術在台灣，結果會怎麼樣？

很多人會將此視為衝擊本土農業經濟的不當做法，但就我看來，卻是長期利多的發展策略。

農業發展幾千年來，大家都將重點放在哪裡生產，如果用生產思維，只會苦於土地、人力成本愈來愈高，無法創造高價值的經濟效益，甚至聽聞柳丁一粒一元、三顆高麗菜換不到一包泡麵、香蕉滯銷、薑價下跌到個位數字等現象。

解決產銷失衡困境，產品輸出其實是治標不治本。大陸開放台灣農產品進口，感覺上台灣農業似乎找到銷售新天堂，但從知識經濟的角度，這種模式並不足以為本土農業創造最大附加價值。

如同資訊電子業，基於成本效益，應將附加價值較低的生產製造外移，把有限資源投入高附加價值所在。

當本土市場有限，土地、人力成本過高，其實並不適合投入大量生產，也不該把重點放在生產，在微笑曲線上，不以生產為重，利用農業科技與品牌在海外生產（outsourcing），發展左端的新品種、供應種苗為定位的技術研發（見圖11-3）。

況且，農產品於市場所在地就近生產不但符合環保，也省去不必要的物流成本。

以大陸為例，它有龐大的內需市場，台商（農民）可以在當地生產，就地供應，創造可觀的收益，而且以大陸做為生產基地，聚焦品牌、通路、研發，讓農業技術在全球開花結果，各地銷售，屆時不論是水果、花卉等農作物，只要打上「Taiwan Original」，就代表一流的產品及品質保障，這才是要努力的新方向。

改當知識農夫

當朝微笑曲線兩端發展後，政府則應協助本地農民轉型為「知識農夫」，讓本地市場成為農業實驗場，開發高價值

圖11-3　農業國際化的微笑策略

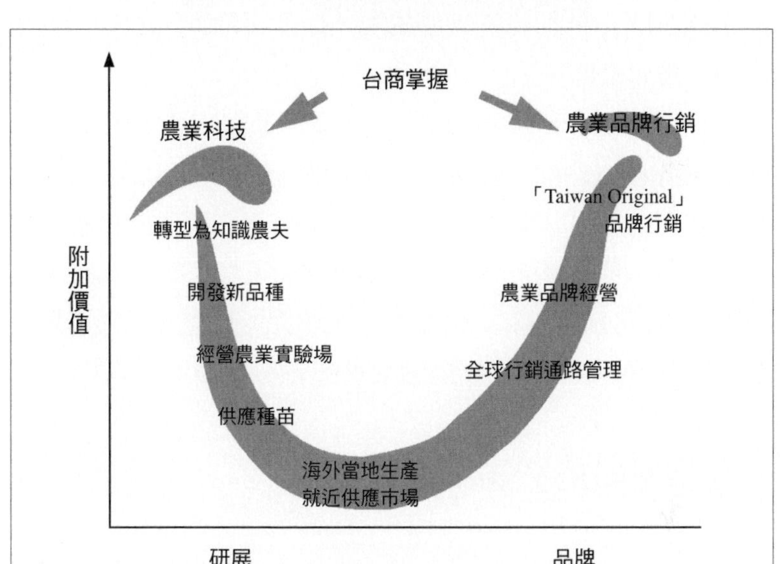

精緻農產品。也就是，在台灣種植不是為了大量生產外銷，而是做農業技術的研究發展、海外複製的操作手冊，領先全球農業技術，再進一步移轉到海外各地，在當地進行大量複製、生產。

這樣的可複製化，才能在世界是平的動態競爭環境裡達到經濟規模，創造高利潤。

發展右端的品牌行銷時，要先改變觀念。品牌基金曾對花卉、美食努力一段時間，想協助民間業者建立自有品牌，後來因為經營者對於要承擔風險，以及長期許諾經營品牌的決心不足而暫停。

品牌是所有利益相關者的公共財，但卻又要有私有財的概念，透過公司化、股權、經營績效、投資報酬率等方式，來創造利益共享、風險分擔的機制，而且必須長期經營，就算有政府、創投基金、農會等資源挹注，農民及相關經營者也要承擔部分的風險，不可能完全以公共財的方式來經營，這些觀念要從機制與心態的改變做起。

醫療產業的微笑策略

我必須這麼說，目前台灣的醫療發展尚未達產業化與國際化的水準，這也是我退休後一直想促成的目標，如果能成功，可以創造台灣的第二條成長曲線。

台灣醫療無法產業化與國際化的問題有三。

一、法令限制醫療機構不能公司化，醫療機構較缺乏企業化經營的精神。

二、健保的定位是商業保險還是社會福利？若是社會福利，政府要以預算來補貼；若是商業保險，就要開放讓醫界能依不同保險等級開拓財源，讓組織得以永續經營。

三、社會賦予醫生濟世救人的價值觀，醫師自己也有很高的使命感，宣誓詞開宗明義指出行醫是人道服務，這也是我們推動醫療國際化談到品牌時碰到的挑戰，醫生與從業人員不認為醫療是產業，當然這樣的思維來自於社會長期以來形成的主流價值觀。

要突破瓶頸，就要挑戰傳統價值，把非主流變成主流。到目前為止，醫師還是社會最優秀的人才，現行制度卻讓他們無法發揮最高的價值，只落在微笑曲線底部，靠著人力工作創造價值，多賺多累。

因此觀念要先扭轉，我推廣讓醫師「睡覺時也有錢賺」的觀念。醫師這群人的知識含金量高，卻受限只有工作時間才創造價值，但在知識經濟時代下，已經不該只靠人力累積價值，而是要靠知識、科技平台等創新機制複製價值。

相對全球而言，台灣的醫療品質好、價格低，應該把醫療產業知識複製到更大的華人市場，甚至是全球市場。

讓醫師睡覺也有錢賺

因此，醫師腦袋內的知識應該充分「萃取」菁華，讓知識本身為他們創造價值，把知識變成收入，變成書，就有著作權版稅；放到電子儀器，可以收智財權利金；放到資訊系統，就有雲端服務收入，我形容這是「睡覺時也有錢賺」的經營模式。

初期，可先引進國外核心技術，研發新產品，追求可普及化的價位與大中華市場服務的應用，促成名利雙收的成功案例。

2007年，智融集團與緯創集團投資美國加州醫療儀器U-Systems公司，它開發的全自動化三維乳房超音波掃描儀，是全球首創的領先技術，能夠有效篩檢出乳癌病灶，2012年獲得美國食品藥物管理局（FDA）上市許可，預計第三季新款掃描儀就能搭上乳房攝影，輔助乳癌篩檢。

根據《新英格蘭醫學期刊》文獻報導，平均有三分之一的乳癌病灶是無法被傳統乳房攝影篩檢出來。

我的最終目標是想辦法把它推到亞洲市場，透過台灣ICT產業的量產能力，達到規模經濟，快速普及市場，造福全球更多人。如果能夠成功，就是醫界運用「科技分身」複製知識，創造微笑曲線的成功案例。

在微利底部利上加利

從微笑曲線來看（見圖11-4），就是由左端到右端，創造無形價值的過程。底部是載具，如電子儀器設備、ICT系統，醫界的知識能量不需要自己製造，借重現有產業基礎，將IP授權給電子設備廠，創造百倍、千倍的市場機會。

國際化醫療服務產業講了很多年，比起泰國、韓國，我們更具競爭優勢，更能提供全方位醫療服務。

台灣醫護、生醫、電子領域的人才水準高，臨床實驗環境又好，配合雄厚的ICT產業實力，非常適合發展觀光健檢、電子醫療器材、醫院管理顧問等國際化醫療服務，可以

圖11-4　醫療國際化的微笑策略

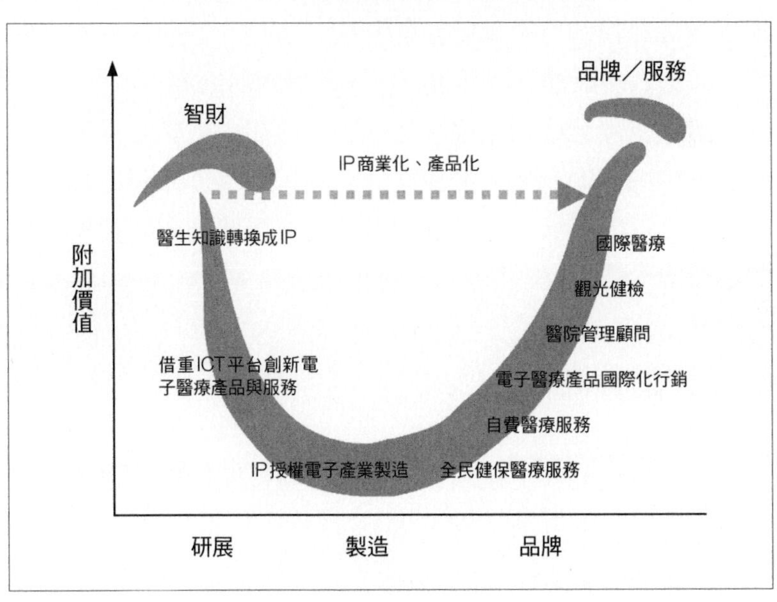

透過專業品牌行銷公司整合各種醫療資源，針對國際目標客戶需求提供整套服務。

但因為全民健保，只要一談到國際醫療議題，立即湧上強大的反彈聲浪，絕大多數的人，包含醫生在內，都認為有限的醫療資源不能替外國人服務，害怕影響國民就醫權益。

只將眼光聚焦在健保上很難解決問題。醫界抱怨受到健保諸多限制，經營困難，我反而認為，從營運層面來看，健保提供醫院穩定的市場規模，當然制度的不完善之處有待二代、三代健保慢慢調整，這條路勢必要走。我也拋磚引玉，提出量能課稅的「全民健康福利稅」想法，針對富人提高保費，讓他們多負擔一些社會責任，改善健保財務狀況。

至於醫療機構真正要面對的營運問題，就如同其他處在微笑曲線底部的產業，應該要思考的是如何在微利的底部利上加利？只靠健保，僅是維持微利的經營狀態，成長需另外開拓財源。

以外銷補貼內銷

我覺得台灣經濟起飛採用的「外銷補貼內銷」政策，可以適用醫療機構。

透過國際醫療、觀光健檢、電子醫療器材、醫院管理顧問，以及讓醫界自己經營自費的醫療保險，開發金字塔頂端等新業務，創造高附加價值的「外銷」收入，再用來補貼「內銷」的健保收入不足那塊，醫院也有資金增聘服務人力，提高基層醫護人才薪資，以及購買最先進設備。

「用外銷補貼內銷」這個觀念若能被社會各界接受，就能建立醫療機構永續經營的商業模式。

我也在找題目，找有共識、願意許諾的醫界人士一起努力，建立知識的創新機制。很多事情，勉強就會做不好，實驗過程中一定會碰到各種挫折，我還是很有信心往下做，總有一天，在適當時機就會發酵。

文創產業需建立產業發展模式

兩岸都看好文創產業，世界各國也都把文創產業視作明星產業。台灣第一支文創基金「文創一號」號召科技界，我也以個人名義投資。

台灣的文創產業目前尚未有產業發展模式。有些藝文界、電影界的創作者會對投資者說：「我只缺錢。」這樣的觀念會阻礙產業機制的形成。

電影要由手工業變成產業，成敗在於整合，不是只有預算問題，它需要的是市場營運、製作SOP、品牌管理、跨界合作等，從劇本構想、組織團隊、拍攝製作、版權通路，必須建立一個可以複製的機制才能建立產業鏈。

舉個例子，魏德聖模式無法複製，可是宏碁模式可以複製，所以個人電腦有完整產業鏈。

改變生態需要時間，台灣不缺創意、藝術人才，缺的是可以建立商業模式的人才。

這個人才若是出身科技業，那他必須放棄科技專心做文創，或是藝文界的人放棄創作改做整合者，就像我放棄做工程師一樣。而且，對於商業實務要有足夠了解與歷練，整合者也不是一個人，而是一個團隊。

所有的產業初成形，都是由一群有共識的人慢慢建立起來，包含有形的運作機制與無形的生態文化，做出一些範例，修正出不同的路，找出成功的大道。

擴量？限量？

文創種類太多，有些需要放大供應量來創造附加價值，有些則需要限量才能達到最高價值。表演藝術就屬於需要擴量，降低製造成本。台灣市場雖小，表演藝術水準卻很高，原創性十足，像雲門早就是世界品牌，也走上國際拓展海外市場，但是缺乏降低成本的策略。

雲門每次出國巡演都是大陣仗，每場的「製造」耗掉的人力、舞台道具成本很高，侵蝕票房收益。降低成本的方式是同一個地方增加演出場次，以分攤固定成本，二是跑龍套角色可用當地人才，像音樂劇《貓》到台灣演出會大量聘用「台灣貓」。

不過若是精緻手工藝、雕塑、版畫等，物以稀為貴，複製愈多，反而降低附加價值。像朱銘的作品若大量複製變成工藝產品，就失去高附加價值；反之，若是全球限量，增價空間就真的是「無可限量」了。

國際上發展文創產業的經驗可以參考，每個成熟產業最終會走向垂直分工、水平整合，美國好萊塢影視產業就是一例。我們還是要建立屬於自己特色的文創機制，例如台灣文創商業模式是如何、產業如何分工、投資者怎麼參與製作過程、有無講話的權利等，這些都是需要建立的制度。

從微笑曲線來看文創產業的發展，台灣要持續透過創新強化左端研展的價值鏈，但若要創造高附加價值，關鍵還是在於如何打通右端的品牌形象與行銷通路，如果缺乏連結右端的能力，附加價值仍然相對有限。

創新的實踐，需要配合製造、後勤、行銷等能力，台灣必須先建立起完整產業鏈，再以文創品牌輸出至全球市場，創造經濟規模。

王道心解

降價才是不斷創新的動力

王道精神從來不否定競爭，甚至，王道講究競爭。

創造更多價值，本質上就是一種競爭，只不過我會運用創新的模式，創造更多價值，也讓大家樂於共創價值，皆大歡喜，而不是直接在市場上拚得你死我活。

降價，因為夠創新

我也會考量競爭者的做法，但不會硬碰硬，而是讓目標市場的客戶，因為我創造的價值選擇買我的單，而不是買競爭者的單。尤其，我絕對不用惡性競爭的手段，讓對手「死」。

可是，我不會不降價。

但我能降價是因為我能夠創新，能將創新的效益回饋給消費者，這是王道的行為，因為我即使降價都還有錢賺，才能做到永續，大家的利益也才能平衡。

除了價值，更要附加價值

然而，只有價值不夠，還要有附加價值。微笑曲線是說明產業附加價值的曲線，看的是附加價值，而不是總產值。

麥當勞之所以成功，靠的是他們的品牌行銷、服務管理及創新商業模式，這些都是在微笑曲線兩端具備高附加價值的核心能力。

公司要全球化，必須要有相應的能力及資源。這方面，即使小公司一開始辦不到，仍舊可以在發展過程中慢慢建構。

如果有全球化的思維，就能為日後的發展預做準備，也可以創造更大的附加價值。

所謂的全球化，不只是從地理的角度看，而是視野的全面性；不僅是大公司應該要有全球化思維，每一位創業者都應該具備全球化思維。

既然已經找到對的路，就不要局限於追求小確幸，為了能創造最大的價值，一開始就應該具備全球化思維，好為日後的競爭鋪路。

具國際化潛力的創新創業計畫，才能創造百倍價值，這也是目前台灣最缺乏的項目之一。

現在的台灣，其實不缺資金；近年台灣創投業不活絡，是因為許多創新創業計畫不夠國際化，甚至許多新創的網路、服務業，一開始也都沒有想到國際化。如果只局限在台灣市場，經濟效益不大；加上政府取消投資抵減優惠，投資文化也不傾向長期投資，都導致台灣創投不活絡。

天地盈虛，從變易見不易

微笑曲線可以根據價值高低分段，每一段生意都是分工，但分工的位置會隨著附加價值的增減而改變。通常，當技術愈成熟，就會出現邊際效益遞減的現象，尤其當市場愈開放、競爭者愈多，附加價值遞減的速度也愈快。

價值是變動的，今天有價值，不等於明天一定也有；只要別人做出的產品比你更好，你就沒有價值了。所以，過去的成功模式未必在未來也適用，但若是熟悉產業生態分工模式，自然可以看出變動的趨勢。

從王道看創業，就是要不斷創新創造價值，同時建構一個讓所有利益相關者可以共創價值且利益平衡的機制。

這樣的思維，不論是公司剛成立時由0到1，或是成長發展期由1到100的過程，都必須不斷保持；一旦違反，就會失去平衡，破壞好不容易建立起來的生態分工體系。

放棄一些，才能獲得更多

台灣的製造全球化發展，之所以能夠成功，不只是單純仰賴海外廉價勞力，為了降低成本才逐水草而居；更重要的，還是建立起產業群聚效應，製造基地遍及台灣、中國大陸、東南亞、拉丁美洲及東歐等地，競爭能力相對更強。

在微笑曲線當中，製造是根基，也是利上加利的載具；雖然製造本身附加價值較低，但若能以全世界為市場，經濟規模就不可同日而語，所創造出來的總價值就不容忽視。

微笑曲線上的產業價值鏈，每個環節環環相扣，才能建立核心能力，而製造又是價值鏈裡極重要的一環。至於它的價值，則是由微笑曲線的左右兩端來決定，例如：晶片製造，本身價值有限，得視你是做什麼晶片、為哪個市場而做。當你有所取捨，才有機會收穫更多。

在這樣的基礎上，若是可以結合智慧財產權、品牌，就有可能突破微利的窘境，甚至利上加利，創造更多可能、擁有更多機會。

CHAPTER 3

共創價值的商者

價值不是自己認定，

而是站在客戶立場來看；

機會是給有能力的人，

但有能力時必須知道機會在哪裡。

林靜宜看施振榮

丹麥哲學家齊克果說：「我所能體悟的，只有那些被我活出來的道理。」而施振榮分享的，就全是親身的體驗與觀察。

創業超過三十年，到現在他還這麼認為：「別人認為我在某些方面已經很成功，但我自己卻覺得遠遠不足，很多事情仍然不懂，當創業過程中面對一些未知挑戰時，經常邊做邊學，努力彌補各種創業所需的能力。」

這位創業教父學到了什麼？

他說，創業的機會無所不在，只要懂得用微積分的概念，即使市場再小，裡頭仍有無窮大的機會存在；他說，成功沒有固定模式，但有可遵循的法則，根據這些可以少走很多冤枉路，聚焦在有機會成功的路上。

世界充滿了夢遊者，多數人寧願選擇酣睡，少數人清醒，從根本創新的自我思考者，更是少之又少。

這位趨勢大師看到什麼？

1996年，當主流認為個人電腦的趨勢是追求升級、擴充時，施振榮提出PC將走向多元化的XC，針對某種應用、需求，使用者將從以個人電腦為中心，轉移到新興型態的裝置；十年後，果真出現智慧型手機、小筆電、平板電腦等風潮。

2000年，他描繪微巨服務（巨架構、微服務），認為它是資訊服務下一世代的模式，這個願景成了如今最夯的雲端。

以創新思考推敲動態競爭

昔日趨勢變成現今情勢，施振榮並非未卜先知，而是以創新思考推敲動態競爭的結果。

他說，創新者要能不斷改變原有的想法，跳脫框架，更要有紀律的執行創新；他說，創業與創新就是創造價值，如果能滿足社會需求，做一位共創價值的「商」者及誠信多贏的「道」者，成功是遲早的事情。

雲端時代，虛擬與實體沒了界限，深度與廣度同時立體，我們更不能以管窺天，施振榮的微笑創業與創新法則，讓成功有跡可尋。

第十二章

創業，為了滿足社會需要

對創業者來說，
第一個要有的思維：
創業是為了滿足社會的需求，
從這個思維出發，
不但能掌握努力的方向，
也比較能夠永續經營。

很多朋友都很關心創業的問題，在很多場合我也都會被問及與創業有關的問題。

創業，的確讓當年我們一群出身自一般家庭的窮小子，有了出頭天的機會。想當年，邰中和騎著老爺摩托車，奔波於台北與龍潭中山科學院接洽業務，林家和以公司為家，施太太（葉紫華）為了迎接客戶來訪，每每一階一階擦洗公司樓梯。

那時，剛從學校畢業的盧宏鎰、施崇棠、蔡國智，有過短暫工作經驗的李焜耀、林憲銘，成為最早期員工，他們從工程師做起，伴隨著宏碁成長，在同僚中嶄露頭角。

我們將公司塑造成一個不需要靠背景，不分省籍、畢業學校的工作環境，後來再加入了王振堂、莊人川、呂理達、陳正堂等人，這些人全成了科技業出色的領導人。

把握二次工業革命機會

當初，我創業的基本理念是基於社會有此需求，尤其是預見了社會的未來需求。當時我看到微處理機將帶來二次工業革命的機會，我認為華人在第一次工業革命時沒有參與，這次不能再錯失二次工業革命的機會，因此與一群志同道合的夥伴一起創業。

我善用有限的人力與資金等資源，在有效的組織與策略下，藉由創業來對社會有所貢獻，一方面，透過教育消費者開發這塊全新的市場；另一方面，透過提供產品與服務，創造合理利潤，持續提升、培養自己的能力，一路開發出許多應用產品。

滿足社會需求的創業才能永續經營

對創業者來說，第一個要有的思維就是為了滿足社會的需求而創業。從這個思維出發，不但能掌握努力的方向，也比較能夠永續經營。

創業最大的目標是為社會創造價值，而賺錢則是因為對社會有貢獻的回報，投資報酬率高，讓創業者可以繼續投入資金與培養人才，創造更好的環境與機會，所以創業不在於規模大小，而是要看本質 —— 為社會提供何種價值？

價值不是自己認定，而是站在客戶立場來看，特別若是提供同質性的服務與商品，相對於競爭者，你的價值差異性是什麼？

比如你開一家豆漿店，而附近沒有這樣的店，你提供的價值就是「方便」，要是隔壁已經有了，而你賣得比較便宜，那麼「便宜」也是一種價值。

可是，若創業要以便宜做為主要價值訴求，就得好好思考：你憑什麼比別人便宜？利潤從哪裡來？創造價值減去投入成本是附加價值，如果附加價值是負的就沒有意義了。

建議大家，創業前可以先問自己三個問題：客戶及市場的需求是什麼，能否有效掌握市場？其次，經營這個市場能否將本求利？創造的價值是否高於投入的成本？否則，經營的循環會斷掉，你就經營不下去了。

創業要氣長到能證明獲利模式出現

很多的事實都證明，機會是給有能力的人；當你有這個能力，先要知道機會在哪裡；當有這個機會，你要知道是否有能力掌握。為什麼我會是亞洲第一個做出個人電腦的人，因為我有這個技術，剛好也看到了千載難逢的好機會。

不過創業初期，我們想進一步擴展公司規模，公司是沒錢的。連我在內，一同創業的合夥人也沒有錢。當年哪有什麼創投，銀行也不會借錢給小公司，我們經過一段艱辛而克難的日子，後來想出員工入股的方式慢慢撐過來。

創業要有氣長的策略，氣要長到你能證明獲利模式出現，才不會未達成功就把最後一口氣用掉了，功虧一簣。

建立獲利模式需要資源，當公司成功推出第一項產品後，第二項產品可以複製之前的模式嗎？是否也能賺錢？

實驗的過程需要時間，很多年輕創業家往往只吐了第一口氣，推出第一項暢銷產品，卻無法累積優勢再接再厲，推出第二項新產品。企業要能長遠發展，無法單靠一樣產品，而是要產品線。

根據我的實務經驗，要建立成功的獲利模式，需要投入的資源與等待時間，遠多於創業者預期；但是成功後，成長速度會比預期的還要快。

從創業到建立成功模式的過程，很像一架要航向天空的飛機，不是一下子就能衝向天空，剛開始需要在跑道上滑行，而且要滑行得夠久（圖12-1）。

構想需要時間醞釀

在人的腦子裡，事情都是慢慢醞釀才成形的。「小教授一號」是我在創業前五年就有的構想，只是時機尚未成熟還不可行，只能放在心裡。

宏碁成立後的頭五年是以代理與顧問的生意維持生存，在這五年間，我也在醞釀實際生產的想法，等到客觀因素具備後，再把所有的想法拼湊為完整的藍圖，也因為公司小，決策可以很快推動，掌握了製造的先機，第六年我們推出

圖12-1　創業氣長策略

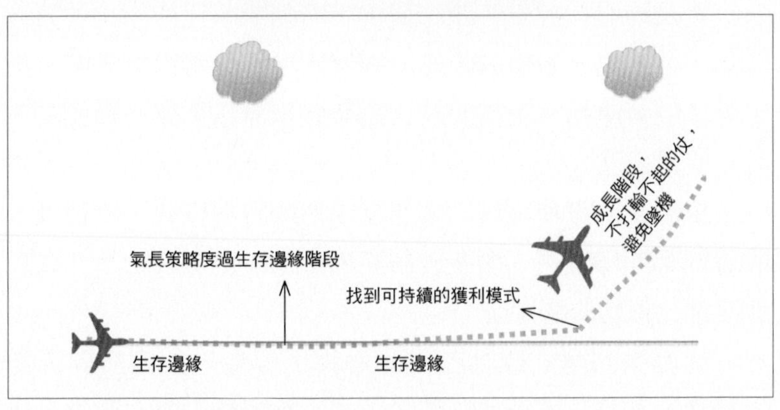

「小教授一號」，開始起飛。

飛機滑行的跑道線要多長，必須創業者親身實做才知道。創業早期會處在生存邊緣，初期往往利潤微薄，手頭資源消耗的速度比想像中快，且往往沒有後續資源可以投入，因此氣要夠長。

一般來說，除非是像高鐵這種龐大規模的計畫，否則若是三年還看不到有向上起飛的徵象，表示現有模式不得要領，必須改變方法，可能是投資與資源不夠，缺乏足夠的燃料，無法產生更大的起飛動力，也有可能是本身能力不足，本質上需要更長時間的滑行。

如果預期一年要找到獲利模式，但做了一年多還是沒找到，不要洩氣，我常看到創業者在生存邊緣的直線徘徊很久，甚至中間還往下掉，才再爬起來繼續滑行，最後順利起飛。

每個階段都要審視事業的進展，例如：原先構想的執行程度、產品研發進度、外部市場的變化、營運模式，是否需要調整。

如果能在適當時機審視現狀，而不是等到最後關頭才恍然大悟，通常成功率是高的。因為可以在挑戰困難的關卡適時轉型因應，或者發現此路根本不通，不用一再投入資源在不對的方向。

我的經驗是，要解決的問題往往是來自產業或社會文化，因此，要更深入了解產業與所處的社會文化，想辦法用更創新的觀點落實創業的理念。

創業要有繳學費的準備

由於創業成功所需時間往往比預期還要長，而成功後，成長速度又往往比預期的還要快，因此需要投入更多的人力與資源。為了累積經驗與能力，要抱著學習的心態及繳學費的心理準備。

成長是很痛苦的，要走沒走過的路，經歷沒做過的事，過程中會面臨太多未知的風險，有很多想像不到的挑戰，只要所繳學費在能承受的風險之內，就可以忍受，最重要的是，從每個教訓中學習到寶貴的經驗。

我常笑說，我可能是台灣在品牌國際化創業過程中繳最多學費的人，特別是1989年，宏碁為了拓展美國市場，併購一家美國個人電腦維修服務公司，這個教訓讓我印象深刻。

當時，宏碁只花五十萬美元併購，後來結算總帳卻虧了兩千萬美元，這實在是想都想不到的事情。不過，這讓我學習到步步為營，面對各種可能存在的風險與陷阱絕對不能掉以輕心，人生不也是如此。

團隊共識的信心與默契是成長的關鍵

在尋求成長模式時，也要小心維護你的資源與信心，有的人一看到業績成長就往前衝，結果一敗塗地，即使創業的氣夠長，開始有獲利出現，卻仍然可能在成長階段陣亡，對創業的信心全失。

在創業起飛初期，資源仍然有限，要避免「墜機」，就要有「不打輸不起的仗」的心態與思維。每次做出重大決策與行動之前，先設好停損點，並估算好一旦失敗可能帶來的衝擊，企業財務是否能夠承擔。留得青山在，不怕沒柴燒，只要做好風險管理，事先妥善因應，就算不幸失敗也不至於一蹶不振，還是能夠往前走。

經營企業要有足夠的資源，除了資金，還有人才，團隊共識的信心與默契絕對是成長的必要關鍵。當年公司一成長我就增資，再投入資源研發，廣招人才，同時取得團隊共識，大家一起討論未來方向，知道下一步要做些什麼新東西，這樣所有的人才會有信心走下去。

當事業經營很順利時，創業者要主動尋找下一個挑戰，不斷創造相對的競爭優勢。你先想到的點子，如果沒有具備真正的競爭障礙，就算你的技術比較好、規模比較大，也有智慧財產權的保護，還是無法擋住別人模仿跟進。

這個世界本來就是大家互相學習，走在前頭的人不能抱怨大家學他，甚至超越他，社會就是要不斷往前跑才會進步。

創造一個有價值的品牌，相對來說才能築起較高的競爭障礙，形成優勢保障。後來者要建立一個新品牌，需要累積時間與資源，而你已經走在前頭，有經濟規模、消費者口碑，不容易在短期間內被追趕上。

一旦面對困難，創業者也要有挑戰困難的決心，不但自己要保持信心，也要幫團隊「墊高」信心，因為一定會有挫折。挫折是這樣的，如果有信心，它就是學習；沒有信心，就變成打擊。就算有損失，也要當成人才成長的投資，打仗就是要信心與資源，也是團隊往前走的必要過程。

創業是一種理想、一種承諾

在新經濟時代，雖然交易買賣不像古代以物易物那麼單純，還是要奉行「商者共創價值，道者誠信多贏」的商道。

商者共創價值在於商業要能興盛，必須共創雙方的價值，達到雙贏才能讓交易一筆又一筆接續下去，如果單純對其中一方有利，關係必不能長久。道是指經商的方法，做生意要講究信用。

每一種商業活動，都有不同的利益相關者存在，如供應商、通路夥伴、消費者、投資大眾、銀行、員工等，甚至有許多消費者、投資者都在國外，更需要誠信的經營之道。在新經濟時代，企業除了品牌外，企業形象愈「誠信」愈值錢，事實上，能否爭取到消費者、投資人、供應商、客戶的信任與支持，也都與誠信息息相關。

創業可說是一種理想、一種承諾，要長期持續投入，經營管理的知識或許不是放諸四海皆準，但經商的基本精神是一樣。我一生都在創業，我想以誠信為本的商業哲學，是創業者需要具備的理念，也是我一路走來，能夠帶領宏碁度過兩次營運低谷，並在六十歲時榮退的重要原因。

◉ 第十三章 ◉

滾大你的創業雪球

創業無所不在，主要取決於能否創造價值，
如果用微積分的概念來思考，即使再小，
只要切入對的市場，處處都是創業的機會，
創業可以從小領域做起，
像滾雪球般，滾大新創事業。

我經常被問到，台灣還有創業機會嗎？是否有機會再創造出如同宏碁的跨國企業？也有不少年輕人問我，應該自行創業還是擇良木而棲？

台灣旺盛的創業精神是亞洲獨有，中小企業比率高達95％以上，使得各行各業百花齊放，不少人都勇於挑戰創業。放眼整個亞洲，只有台灣有此條件，日本、韓國、新加坡以大型企業為主，香港則是金融、房地產生意為主，不像台灣的中小企業大部分是以實業為主。

創業就是創造價值

創業其實無所不在，在我的定義，創業就是創造價值。

如果在大組織，你被賦予開拓新事業的責任，算不算創業？如果在部門裡，在自己的工作領域表現出色，幫部門與組織創造價值，算不算創業？如果公務人員盡心為人民創造價值，算不算創業？我認為這些都算，只要能創造價值，就是創業家，甚至公益領域的志業也可以是創業的一種，也為社會創造了價值。

機會是無所不在的，但只給有能力的人。千萬別認為創業只靠錢，創業要能成功需要許多能力的配合，包括技術的能力、掌握市場的能力、建立生意模式的能力、凝聚團隊的能力等，這些能力能讓你在發展過程中，一步一步從小機會看到大機會，再看到更大的機會。

創業之初不求大，很多人創業失敗的最大問題常是一開始就想得太大。創業要務實，不要一開始就有太大的夢想，應該由一塊小小的領域慢慢做起，先累積能力，建立信心。待掌握經驗、建立成功的獲利模式後，有了信心，再像滾雪球般，滾大新創事業。

宏碁也是由小做起，創立時，我只是看到微處理機未來的發展機會就專心投入。現在的創業者訊息太多，這些訊息有正面也有負面，誤導的可能更多，不要只看表面，要能了解訊息背後真正的內涵，做出正確的判斷。

雖然創業由小做起，但要有全球化思維，現在的創業者面對世界是平的挑戰，不能以管窺天，否則會降低成功機率。

別把商業模式當聖經

所有的創業者都會關心：「要不要想好商業模式才開始創業？」

其實我認為，創業初期只要有好的創業點子，能夠切入特定的市場並且創造價值，也許一開始對於未來長遠發展還沒有太過具體的數字，但只要能在過程中逐漸摸索出可能對的商業模式，由小做起，開始嘗試，慢慢就會試出對的路來，即使現在的路不可行，也可以調整方向後再重新出發。

創業者第一要認同的是世界變化的速度很快，並且愈來愈快，面對市場不斷的改變，創業者也要隨時依情況做出因應，一開始的創業計畫書面對後來實際的營運狀況也不可能不做調整。

有句玩笑話是這麼說的：「計畫比不上變化，變化比不上一通電話。」未來的創業者要能在變化裡找到機會所在，進而在其中創造獨特的價值。當變數太多，市場、競爭者、所需的創新能力隨時處在變化狀態時，你可能因為某個變化重新聚焦，定義新的價值，商業模式當然也會跟著變。

所以，不能把創業計畫書的商業模式當成聖經。商業模式的整體結構比細節更為重要，投資者可以從結構看創業者的觀念是否正確，就變化快速的競爭環境來看，商業模式寫出細節不一定有用，雖然可以藉此磨練自己對事業的了解程度，但不要因此奉為圭臬，適得其反。

培養洞悉價值的能力

我常聽到不少年輕人反應沒有創業機會，那是因為沒有擴張自己的能力與視野，就算機會擺在眼前也看不懂這就是機會，對它視而不見。

我倒覺得，今天最大的問題不是沒有機會，而是機會太多了！因此，如何確認這是一個值得投入的好機會，就變得很重要。

在變化中你要有洞悉價值的能力，可以發現別人沒看到的，或是哪塊市場尚未滿足消費者需求。但是，千萬別只站在機會的門外，若是如此你不會知道答案的，或是別人做出來之後，只能在那惋惜被捷足先登。

與其等待機會來敲門，倒不如自己去開門，當你走進去自然會看得清楚，而且要有勇氣驗證你的觀察與直覺是否正確。確認它是一個真正的機會後，要有能力比別人快，有足夠的資源把產品、服務完整的行銷到市場，以及教育消費者，培養使用者忠誠度。

不要迷信先進者優勢

新創事業的成功關鍵，不在規模大小，而是創新能力的高低，以及徹底體現價值的執行力。如果你在提供價值的過程能夠創造一些利潤，累積經驗，就可以提升原有的能力，在多變的環境中繼續找到新機會，或者把原來的機會再擴大。

但是，也不要迷信先進者的優勢。在變動的世界裡，原先建立的基礎有可能不再是競爭障礙，而是轉型的包袱。

幾乎所有的產業競爭裡，不乏很多先進者消失在競爭洪流中，成為歷史名詞。要知道沒有永遠的競爭優勢，就算你是市場的先進者，也用智財、品牌累積資源，創造出經濟規模與消費者口碑，但只要競爭態勢一改變，先進者也有可能變成被淘汰者。

競爭態勢隨時在變

1980年代，世界最大文字處理機的王安電腦稱霸全球，1990年代卻因封閉系統失去競爭力，向美國聯邦政府申請破產保護。

早期文書處理系統是垂直整合，所有軟體整合在文書處理系統，如同我之前所說的（參見第七章），一項技術成熟到某個程度就會朝向垂直分工、水平整合，電腦應用軟體的垂直整合在電腦系統被打破，變成獨立的分工放入個人電腦裡，市場完全改觀。王安電腦就是沒因應市場變化，從先進者變成被淘汰者。

反觀微軟卻看到機會，無論是作業系統、應用軟體都採用垂直分工，並選擇水平整合該應用下功能最佳的產品，投資幾億美元研發，每套售價只有幾百美元，但是可以重複使用，大量銷售，經濟效益很高，等於銷售金額比研發金額多創造了好幾個零。

網路創業需結合在地創新

我觀察到一個普遍的現象，許多人對於網路創業有興趣，卻只看到美國模式，反而無法開花結果。

Yahoo、Google、Facebook能從原本的新創事業，在眾多世界高科技集團環伺下脫穎而出，主要是美國的本土市場規模與需求夠大，新創事業能靠自己的力量拓展營運規模，在大市場中自行成長，而不用倚靠既有的高科技集團資源。

當你試圖在網際網路平台上創業，要非常清楚認知到這個情況在台灣比較不會發生，因為本土市場規模太小，無法孕育出這類新創的大型網路公司。

以兩、三年前的團購網創業熱來說，先期不斷燒錢，連獲利模式都還沒找到，就要投入好幾億美元，但藉由美國龐大的消費市場，快速累積具規模經濟的顧客基礎。

以建置一千萬個顧客為例，這些新創事業投入的總成本，可被換算成平均每位客戶的價值，因為後進者若要建置一千萬個顧客就得投入這麼多成本。因此，就算目前營運虧了好幾億，新創公司還是有它的價值，加上美國活絡的資本市場，上市之後投資人還能有資本市場利得。

這是在大市場常見的模式，以創新服務快速達到經濟規模，創造市場價值。Yahoo、Google、Facebook也都是用智財與品牌建立競爭障礙，初期免費提供有競爭力的產品與創新服務，養成使用者習慣。

不過，全球大趨勢雖然相同，客觀條件卻不同，策略自然也要不一樣。有效的商業模式必須因應當地產業生態，結合在地創新才能開花結果，不少兩岸的創業者把網路創業看得太容易，直接複製美國模式，結果失利。

大市場也有不同模式

縱使大陸與美國都是大市場，大陸模式與美國模式就要有所差異。

以團購網為例，大陸消費者跟美國消費者不同，大陸的消費者與商家之間存在著不信任感，消費者怕黑心商品，店家怕惡質客人，而且大陸各城市的消費者偏好、習慣也不盡相同，若只是把美國模式搬到大陸，勢必無法滿足使用者需求。

當然，小市場的台灣更是截然不同，一是投資者不習慣計算「每單位客戶價值」的商業模式，二是本土市場太小，亦無法創造像大市場那樣的經濟規模。換個角度思考，也只有不一樣的生態，台灣才有優勢及生存的空間，否則會雞蛋碰石頭。我們可以參考、學習別人的創新點子，但必須經過消化、修正，建立起自己的特色模式，才有可能成功。

創新是不進則退

所以我才常說，適合台灣的既不是美國模式也不是大陸模式，而是台灣模式。台灣建立模式有兩個重要關鍵，一是掌握在華人市場的應用，二要借重現有的硬體製造優勢，台灣還是存在許多創業機會，倘若沒有結合本身已經建立的優勢產業，直接跳出去面對市場競爭，成功機會並不大。

創新是不進則退。矽谷就是不斷往前走，只要台灣會做了，美國就不做了，現在的蘋果公司就像當年的IBM，創造相當於整個台灣國內生產毛額的市值。台灣沒有第二條路，必須像美國走在台灣前面一樣，走在大陸的前頭。

製造是有形的載具，沒有載具什麼都是空的，台灣因為有全世界最好的載具，蘋果公司就來了，把製造外包給台灣。不過，代工是由別人來體現其價值，如果自己沒有不斷加值的能力，總有一天會被取代，甚至會被逼得放棄製造。

往微笑曲線兩端發展是進可攻、退可守的策略，研發創新與品牌服務是加值能力的兩個重要工具，當成長到像美國這般的創新能力，載具還可以優先支持自己，原先的製造仍然有利可圖。

台灣自行車產業的發展就是如此，原本台灣廠商是替國際品牌代工，為降低成本，業者除了赴大陸設廠之外，也積極往微笑曲線兩端發展，強化研發、品牌，借重大陸市場生產中低階產品，高階產品的研發創新與製造留在台灣，現在成了全球自行車研發重鎮。

巨大機械自有品牌捷安特成為全球第一，還發動二十一世紀的自行車革命，把原先交通工具定位的自行車變成生活型態（lifestyle）的創新市場。

借力大陸，掌握華人市場

要掌握華人市場，台灣要借重大陸市場。光是靠台灣市場規模，格局沒有拉大，所能創造的價值與效益相對有限。

相較於有形產品，無形產品是市場愈大愈有價值，APP、網路社群愈多人用，單位成本降低、單位價值同時提高，Google、蘋果商店（Apple Store）也是這樣的特質，這也是中國網路產業比台灣蓬勃發展的原因，台灣的文創產業如果沒有大陸市場，一樣無法創造經濟效益。

這中間最大的挑戰是如何有效當地化，並掌握當地的需求。即使像Yahoo這類公司，進入日本等亞洲市場也都需要跟當地業者合作，才有辦法打開當地的市場。

即使是無國界的虛擬網路，服務也需要落實當地化，網路服務業者常以為領先的技術是決勝關鍵，事實上，發生問題的往往不在技術層次，而是能否有足夠的市場敏感度洞悉使用者需求所在，適時、適地確實的提供應用服務，成功打出口碑，凝聚人氣。

思考消費者的不滿足

相對於大陸仍需以製造為主創造國內的就業率，台灣的優勢還是很有利基。

對開發中國家來說，不能忽視製造業所能創造的高就業率，也就是馬斯洛所言的生存基本需求。

大陸當前還是以製造為基礎，但他們的領導人有前瞻性，政策很清楚，運用內需市場自主品牌、自主創新，慢慢發展微笑曲線，不過這需要時間，過猶不及，必須在穩定就業率與未來競爭力之間不斷調整。

尋找創業機會，可以從微積分的概念來看 —— 即使再小，裡頭仍有無窮大的機會存在，從已經區隔的市場裡，再切出更細的市場，尤其全世界走向分工整合大趨勢，在分工愈來愈細之下，特定區隔的市場，仍可以提供許多新機會給創業者。

在尋找機會之際，要把大陸甚至是全球華人市場納入，思考消費者尚未滿足的需求所在，創業團隊的核心能力可以為消費者創造出什麼附加價值，進一步提供創新的服務。

比如，ICT硬體產業基礎就存在為未來需求加值的創業機會。

從網路（Internet）到行動網路（Mobile Internet），這麼多資通訊產業關鍵零組件，如何整合、創新硬體裝置？現有的硬體裝置怎麼進一步延伸，結合軟體服務，深入市場，創造更高的附加價值？如何在所有載具上創造品牌？觸控是數位產品趨勢，除了追求解析度愈高、價格愈便宜之外，是否能讓使用者指尖，享有實際感受真實觸感、創造五感六覺的使用者體驗？

光是從這些角度發想，做都做不完。

審慎看待通路

通路本身是分工的一環，有自己獨立的品牌，可以說通路是服務的品牌。很多創業者認為通路為王，都想參與這個分工環節，其實經營通路沒有想像中簡單。

品牌業者如要經營通路，可成立旗艦店以直接掌握客戶的需求與反應，當作是對行銷的投資。但有些商品，品牌業者如要成立自己的通路反而會受限，因為消費者到一般門市時往往不只看單一品牌的產品，一旦選擇性不夠多，消費者就不會再上門。

有個很重要的概念要思考，通路本身就是一個分工，也是品牌產品的延伸，是否要進一步跨足整合通路，則應考量對品牌經營是否有所助益，否則寧可不要直接參與。

不過，思考是否做品牌專賣、旗艦店也不全然是分工角度，還有投資思維。新創品牌因市場對品牌認知不強，品牌拉力不夠，無法在大型通路上架，或者在一般通路裡會被其他強勢品牌包圍，很難被消費者看見，此時透過品牌專賣、旗艦店塑造形象，可吸引消費者進來。

通路經營是要提高品牌價值

通路主要目的是提高品牌價值，創造美好的使用者體驗，而非本身經營要獲利，要視作品牌投資的一種。

通路的管銷費用很高，這些成本也會轉嫁到消費者身上，所以如果想做通路，要以創造消費者最大利益為思考，站在看緊消費者荷包的立場才有可能成功。我常說別買廣告很多的建案，因為建商等於沒有看緊消費者荷包，廣告費用最後都由客戶買單。

以上是我歸納出來的創業大原則，實際的狀況會更複雜，了解這些原則的基本精神再去靈活運用，可以少走冤枉路。未來的世界，可以走的路太多了，不符合原則的路就不要浪費時間，要聚焦於有機會成功的路。

應該走哪一條路，還是要靠自己的智慧與經驗慢慢累積、驗證。機會，永遠是給有準備的人。

◉ 第十四章 ◉

雲端時代的創業成功關鍵

雲端時代就是找回人因個人電腦失去的自尊心，
由使用者當家作主，
將各種資訊服務與內容輕易組合應用在生活上，
它帶來的是生活型態的革命。

雲端，其實就是我在2000年提出的微巨電子化服務。那時我推動二造，完成宏碁轉型，找了二、三十位主管一起討論未來要如何切入資訊服務。當時就有人提出資訊服務要像水電，需要用時再打開，一開就來。

我從微笑曲線右邊思考資訊服務的下一世代模式，突然想到macro（宏觀）、micro（微觀）的概念，在我的藍圖裡，它應該是要建立巨架構（mega），提供微服務（micro）。

我當年提出微巨服務的巨架構，是由軟、硬體與網路組成，軟體包含平台與各種解決方案，龐大的硬體設備包含資料中心、伺服器、網路等，網路不一定要自己架設，可以透過電信公司的網路整合起來。

宏碁集團曾經營過的樂透彩就是雲端服務，由中央好幾部強大電腦組成巨架構，巨架構就是雲。雲要有端來為使用者提供服務，各銷售點是端，透過網路連結中央與周邊電腦，提供簽注的微服務。

生活裡常有很多的巨架構、微服務，電信也是以巨架構來提供最簡單的微服務，以前是聲音傳遞，現在加上多媒體內容的整合傳遞服務。APP也是一種微服務，雲端服務一定要「微」，因為容易標準化，使用者才容易上手、應用，客戶端的操作要愈簡單，把複雜的交由中央的巨架構處理。

透過媒體報導，大家都知道雲端可以改變世界，但對於它究竟改變了什麼其實很模糊，新時代的創業者如果沒有弄懂雲端的核心精神，比較難發展出具市場價值的創新點子。

若單純把雲端視為下一代的科技進步，會忽略它背後帶來的龐大商機，它真正帶來的是生活型態革命，就像十八世紀的工業革命，徹底將人類從農業社會帶入工業社會。

就我看來，雲端找回了人的自尊，開啟使用者真正當家作主的時代，每個人可以自己決定應用程式、服務和內容，並在線上儲存虛擬工作區或個人化數位內容，而且操作簡單，幾乎不費心力，就能輕易組合出自己想要的生活型態。

我在1990年代末期，曾提出未來的個人電腦會走向多元化的新興裝置。個人電腦的操作其實會打擊人的自尊心，學習門檻比較高，鍵盤和滑鼠是被迫建立的使用習慣，不如觸控筆、手指是人性化的直覺，使用個人電腦要維持固定姿勢，不能隨心所欲或坐或臥。

即使先知先覺，也要有能力掌握關鍵因素

我第一次講這個概念是1996年到美國演講，我還記得主題是「未來的電腦是一個XC時代」。

當時，整個個人電腦市場還是以升級、擴充為主流，價格偏高。我從市場、消費者需求來看，思考個人電腦功能愈

來愈強大之後，很多人根本不會用到所有功能，反而會出現「夠用就好」、「專用功能」的使用者需求，因此，提出BC與XC的概念。

BC是Basic computer的簡稱，只具備一般基本功能，一開始被稱為國民電腦，也就是後來出現的小筆電。XC的X代表未知之物，XC實際功能比不上電腦，它是針對某種有價值的應用、某類族群、某個市場的需求所衍生。

那時，我想像的未來是從PC延伸一大堆的XC（變成XC1、XC2、XC3……），只要某種應用功能愈來愈普及，愈來愈多人需要時，就會發展出新的XC，使用者從以PC為重心，轉移到其他新興型態的裝置。1996年的想像成了2012年的主流消費市場，現在的iPad、智慧型手機、PS3、XBOX，都是XC的一種。

但是個人電腦不會消失，還是有某族群使用者必須使用個人電腦，我們稱之為資料創造者（data creation），也就是要不斷創造內容的人。XC主要功能是享受內容，個人電腦是創造XC的必要基礎架構，在個人電腦的環境裡不斷實驗出新應用，然後再變成新的XC。

智慧型手機的APP就是借重個人電腦環境來發展的例子。為了滿足使用者在移動過程能隨時隨地使用網路的需求，於是手機變成了行動網路的智慧型手機。

每個趨勢要成熟，並且變化出新的生態，需要客觀環境的配合，宏碁曾在2001年推出螢幕可旋轉、可以觸控筆手寫的Tablet PC，只不過當時受限於行動網路的客觀環境還不成熟，無法有效為使用者創造行動應用的價值。

從歷史可以展望未來，我因為看得比較久、比較多，加上深入分析、歸納，所以看得到趨勢。以前我在宏碁內部談此趨勢，大部分人一知半解，以那時的環境無法想像未來發展，很多人就疏忽了，雖然很早就對未來有想法，但不知如何運用。

我也要檢討，趨勢要醞釀一段時間才會成熟，如何把趨勢落實在企業內部的創新機制，才能在機會來臨時搶得先機。畢竟，能夠先知先覺，只是跟上趨勢的第一步，還要有能力掌握市場成形的關鍵因素。

個人雲是未來消費者的生活核心

個人雲（personal cloud）會取代個人電腦成為使用者的數位生活核心，消費者在日常生活中從各處選擇不同裝置上網，如智慧手機、平板和其他消費裝置。對創業者來說，要在雲端的新世界裡找商機；對企業而言，是從舊世界跨入新世界，必須重新思考如何提供應用程式和服務給使用者。

對個人電腦品牌業者來說，個人雲會把個人電腦產業的價值提高，因為個人電腦已經有很大的市場，每個品牌都有自己經營的顧客基礎，蘋果用戶需要蘋果服務，宏碁用戶需要宏碁服務，提供個人雲端服務給自己的顧客就是全新的產業「加值」。

此外，還要從你的核心事業出發。從宏碁的角度值得做個人雲端服務，專業代工廠的廣達、仁寶不必做，因為本來就不是直接面對使用者，他們要用原來的基礎開發雲端所需的伺服器平台，不同的雲端應用需要不同平台，如醫療、電子書、遊戲可能的需求不盡相同，像緯創現在就在做雲端醫療平台。

另外，很多創業者或企業都想建立私有雲來提供微服務，但如果什麼都要自己做，根本不會有競爭力。最好的方法是先建立一個小小的、獨特的私有雲，整合到如電信這樣的巨架構，提供微服務，蘋果就是在電信公司的公共雲下，建立蘋果商店的私有雲。

特別注意的是，借用別人的巨架構提供微服務，定位一定要是對方做不到的事，否則當利益相衝突，它可以把你吃掉。蘋果商店提供的微服務是電信公司目前無法做到的，因為它與應用程式業者之間是合作生態，蘋果商店就像超商，而各種應用程式是超商架上的東西。

開店要有東西可賣，而東西要有通路可以銷售，不然無法接觸到消費者。所以，蘋果商店這朵私有雲雖然要借重電信公共雲的巨架構，但提供的是電信公司無法取而代之的微服務，建立高度競爭障礙。

APP本身就是完整解決方案的提供者

雲端讓企業多了新機會，在原先的目標市場為消費者創造比原來更好的價值，在新世界就有立足之地，不過，要從產品導向的思維改變成顧客導向，一切以消費者最大利益為考量。

當思維轉變了，不但能掌握原有市場，還能延伸新的市場需求。

舉個例子，人的消費習慣本來就是喜歡多元化，連結實體與虛擬產生多元應用服務與產品的APP，把主動權交由消費者，組合自己想要的使用型態，不用像以前只能從生產者提供的組合做選擇。

但消費者在茫茫大海裡，要怎麼找到自己想要的產品或服務？如果有人能替他們整合，蒐集資訊、找好東西，就像實體世界的百貨公司，我相信，這種整合者在每個產業、不同領域都有需求。

不過，產品、服務APP化，不要以為只需一個應用程式讓消費者能在多種環境、多種方式使用即可。

在產業價值鏈裡，每個APP都是一個垂直分工的應用，又要從頭貫穿到尾，提供整合服務給使用者。APP本身是提供完整解決方案（total solution）的應用軟體，本質上就需要整合一些分工。

我在手機裡下載了一個監測睡眠品質的Zeo APP，透過手機藍牙功能及感應器的頭帶監測腦波訊號，追蹤我的睡眠狀況，這款APP開發者為了要把服務傳給使用者，本身就要整合軟體、通訊、裝置等分工，提供完整解決方案。

反過來說，在新世界裡原來的東西可能會變形，或是需求會被新的微服務替換掉。例如，在沒有雲端之前，頭帶要連結一台監測睡眠腦波的機器，現在有雲端可以直接連結智慧型手機，原來機器就會被取代。

以前，年節是電信公司通訊收入的最高峰，現在被通訊應用軟體（What's App、Line、Skype）等瓜分市場，查號台流量也因Google強大的網路資料搜尋功能而大幅降低。

當你在分工的某一環節裡站穩利基之後，最好能進行水平整合，快速通吃市場，因為軟體第一名的市占率為60％到70％，第二名是20％到30％，尤其是APP這種收費便宜的微服務。自由競爭的世界，你能做別人也能做，使用者如果已經習慣，比較不會跑掉，所以要快速掌握市場達到經濟規模，當你先做出量來，後進者如果要跟，成本一定比你高。

以電子書為例，對消費者來說，電子書出版商是最後的服務提供者，亞馬遜（Amazon）網路書店提供電子書下載的微服務，它掌握了最多內容，有最多喜好它的全球客戶，坐穩全球電子書龍頭寶座，除了有自己的平板閱讀器Kindle之外，亞馬遜電子書服務也可以在iOS、Android、Blackberry OS、Windows Phone 7等其他系統運作，這就是快速通吃市場的水平整合實例。

做端不只是創新技術，更是創新生活

未來，裝置的功能會愈來愈強、愈容易使用，也會愈來愈便宜。裝置就是端，端是台灣最大的機會，我們有全球最好的ICT產業，以個人電腦的基礎做端絕對沒有問題，實際上，蘋果、亞馬遜、Google要做端，沒有一個不在台灣做。

雲端服務改變的是生活型態，透過各種多元化裝置，創造不同的生活型態，所以做端不只是研發載具的思維，而是觀察消費者的生活型態，更不只是創新「技術」，而是創新「生活」。

換言之，你在思考技術與服務的背後，其實是要滿足消費者的某部分需求，結合他們的生活，創造獨特的使用者體驗。改變習慣是最難的，要取代原有，新的就要有吸引力，如果消費者還要學習半天就不會接受，iPhone就是成功創造了對消費者的吸引力，讓使用者願意改變習慣。

從台灣開始練兵

台灣能做端，卻沒有條件與能力做雲，因為市場不夠大，雲這麼大的巨架構很複雜，相對來說要有很大的市場才能做，美國的創意跟整合能力都有，所以能做雲。

當年我們創業時，做了很多中文電腦的應用，但因那時中文電腦市場太小，後來成功的「小教授一號」，就是先做成學習電腦用的工程電腦，因為全世界千篇一律才能有量。

不過，等大陸市場慢慢成熟後，就可以解決台灣先天市場規模不足的問題，能把整個大中華市場視為本土市場，而台灣就是最佳的練兵場，因為端在台灣，成熟度比在大陸高，透過台灣實驗經驗開發全球化產品，創新風險比較低，商業化實驗的效率也比較高。

◉ 第十五章 ◉

創新與紀律的雙融

真正有紀律的人做創新，
反而比較容易創造出價值，
因為能夠徹底執行。

我發現，不少人對創新不甚了解。許多創意因為可行性不足無法執行，或是在投入許多資源後，卻發現創意無法創造價值不被市場接受，最後讓人傾家蕩產。

如果能對創新的定義有正確的了解和認知，比較能專注到對的方向，不致多走冤枉路。從表面的字義來看，很多人可能認為創新就是創造新的事物，只是這個認知是錯的，從商業層面來看，創新不僅僅要具有新的創意，還要有執行力能夠落實，並為市場及消費者創造價值。

市場是創新之母

創新需要有市場，我常說，市場為創新之母，因為創新需要做實驗，也要承擔風險，如果市場規模較大，一旦創新成功，相對報酬較高、回收較大，較能補償創新帶來的風險，也較能激勵大家勇於創新。

大市場由於競爭激烈，企業更需要藉由創新來提升競爭力，而成為追求不斷創新的動力，也由於在大市場報酬較高，較能吸引全球人才、外界資源。這也是為何美國的創新活動較多。

台灣早期就是因為本土市場規模小，加上國際化能力不足，只能透過跨國企業幫台灣掌握國際市場，發展這種以代工製造為主的經營模式。

代工製造廠商專注在降低成本，他們的創新在於對降低成本有獨到之處，且其創新也要品牌客戶願意買單，否則會提高成本。

不過，台灣未來要往前走，非創新不可。現有的產業基礎唯有創新才能與競爭者有差異，新的創業者也必須借重現有的優勢產業，找尋創新機會，成功率比較高，可以說是魚幫水、水幫魚的共生循環，共同目標當然就是創造價值。

知其所止，止於至善

想創新，要先問創意的價值在哪、能否落實？再偉大的創意，做不出來還是等於零。

我一直認為，真正有紀律的人來創新，比較容易創造出價值。因為有紀律，會讓創新走在正確的方向上，而且能夠徹底執行。

大部分的人可以執行，但只有少數人能夠「徹底」執行，這就需要紀律，因為創新過程中需要不斷突破瓶頸，一路建立起競爭障礙，才能創造比別人高的價值。

如果是沒有紀律的創新，最後會發現結果往往是浪費時間，懊惱不值得，早知乾脆不做。

有創新能力的人要學會紀律，而只遵守紀律的人要想辦法尋求突破，跳出框框。

所謂的框框是指過往思維的框架，這是無形的疆界（boundary），尤其是人都有思考的慣性，會習慣複製過去的經驗，創新的動力往往來自不想受限在原始框架裡，所以習慣守紀律的人要懂得反向思考，刻意丟掉「原來的想法」，開始思考「還有什麼想法是跟既有思維及和別人不同的」。

我從小是個乖小孩，遵守紀律，但我很不喜歡跟人家一樣，「Me too is not my style.」這句話跟著我一輩子，也變成我的人生哲學，一開始是追求研發技術的創新，到後來追求管理、思維上的創新。

從本質上來看，創新與紀律是衝突的，不過在經營管理上，創業者、領導者不能認為是衝突。

很多事情本來就是衝突管理，初階是求取兩者之間的平衡，進階是讓兩個不同的思維、文化真正雙融，這也是管理的最高境界。

品位定位不等於品牌價值

創新可能是創造價值，也可用於降低成本。台灣高科技產業對全世界最大的貢獻，就是讓科技產品普及化，全球消費者如今可購買到的個人電腦價格是在一千美元以下，而不是一萬美元。美國發明許多創新的科技產品，台灣卻能進一步讓全世界的人能以合理的代價享受，這對國際社會的貢獻不一定比美國小，這也是一種有價值的創新。

不過，製造思維的創新會讓未來的發展有隱憂，因為過去用的是往下壓到底的思維，例如：把成本壓到極限、人力用到最精簡，但是在無形大於有形價值的知識經濟時代，這種創新模式會變得愈來愈難生存。

價值減去成本

我記得多年前，政府第一次發表台灣十大價值品牌，那時我很納悶，為何宏碁的品牌價值排名不是第一，而是趨勢科技。

因為有這樣的疑惑，也讓我當時馬上想出了品牌價值公式（品牌價值等於「品牌定位」乘以「品牌知名度」）。品牌定位不是看產品價位的高低，並非愈高價愈有價值，而是看價值減去成本後的價差。

產品無論是高價位、中價位或低價位，只要價值減掉成本之後的值愈大，定位就愈有利，愈能創造品牌的價值。

同樣都是國際知名品牌，趨勢科技是軟體公司，只有研發成本，加上量大，單位分攤後成本低，製造成本幾乎為零，雖然其品牌知名度遠低於宏碁，但軟體的利潤遠高於個人電腦，因此它的品牌價值一度超過宏碁。後來在宏碁利潤改善之後，品牌價值就超過趨勢科技了。

華人社會缺乏鼓勵創新的風氣

很多人認為，華人無法像歐美人士那樣具有創造力要歸咎於填鴨式教育，我們的創新能力因此被抹殺了，以致於無法從製造的成本創新變成生活型態的品牌創新。

我的看法不同，社會與企業環境對創新能力的影響，扮演比學校更為重要的角色。為什麼華人在台灣的環境沒辦法創新，一到美國就能投入創新，這是因為美國的企業與社會環境極為鼓勵創新的風氣。

更何況填鴨式教育並不完全只有壞處，至少學習者具備了基本的知識及能力，當心智發展成熟後，如果身處的企業與社會環境鼓勵創新，大家自然有信心投入創新，所以環境是創新風氣的關鍵。

我認為，既定不變的技術、需要背誦的知識，用填鴨式教育打基礎並沒有不好。例如，五線譜是音樂的基礎，初學者要不要背？要啊！否則無法看懂琴譜，練好基本功，連美術都需要練習繪畫技巧，才能讓腦海的想像躍於畫布上。

目前創新教育的問題並不是要全面推翻現在的教育方式，而是要增加開放式的應用，該背的要背下來，然後提供環境，教人如何活用知識，而且要知道知識的應用往往沒有標準答案，尤其現在是價值多元的社會，更要有多元應用的考題，像大學讓人帶書進場考試，就是很好的開放式教學。

數學公式是對錯分明的硬知識，它有標準答案，但是知識運用沒有標準答案，我小學的數學應用題都考滿分，應用題就是要你能夠了解與活用。

我常說，只要懂得 Σ 的道理就能經營，Σ 是每項加總的結果，在我腦子裡，都是用小學所學的加減乘除做生意，從小時候幫母親賣鴨蛋到長大經營事業都是，我把這個隱形的算盤掛胸前，應用了一輩子。

創新需要勇氣與自信

另外，教育的心態也很重要，是鼓勵還是打擊？是給動力還是給壓力？

創新需要勇氣，勇氣需要自信。就我所知，在國外的教育，小孩是一路被鼓勵上來的。

我比較幸運，在被鼓勵的環境下成長，小時候讀完書、賣完鴨蛋後，就可以開始玩，小學的成績是班上五、六名，後來考上彰化中學，成績維持一、二十名。彰中的同學都是來自各地的縣長獎得主，我的鄰居就是其中之一，可是他進彰中之後被當掉，因此受到打擊，失去信心。

我第一次大學聯考沒考好，重考才考上交通大學，但那對我不是打擊，因為心智已經比較成熟，我常在想，若是小學畢業沒考上彰中，對我信心的打擊應該就會很大。所以我認為，人在小時候的成長要靠鼓勵才能培養自信心，長大後有足夠成熟的心智才能接受打擊，進而透過挫折更上層樓。

塑造漸入佳境的環境

華人的創新能力普遍不足，大家都怪學校教育，我覺得家庭、社會環境各要負三分之一的責任。

現在有太多直升機父母（指時時盯著小孩，像在上空盤旋不去的直升機），多元化的社會是行行出狀元，台灣的考試制度會讓大部分的孩子一路受打擊，對自己沒有信心。

許多家長最常對孩子說：「為什麼沒有考滿分？」但他可能已經是九十九分了，小朋友是要透過鼓勵給他信心，才會不斷成長。

不管是家庭對子女、企業對員工、社會對年輕人，塑造漸入佳境的環境比較能夠培養人才的創新能力。

孩子在成長過程中十分需要信心，如果只是因為沒有考到滿分就打就罵，長期下來創意會不足，自信心也磨掉了，不如讓他們海闊天空的成長，依照興趣自由發展。

我從不會給小孩壓力，就算成績不出色，也不會勉強他們要衝到名列前茅，而且很鼓勵他們發展自己的興趣，像我的老大曾拿到北區大專民歌比賽第一名，老二曾在高中拿到台北市舉辦的遙控飛機比賽季軍與線控飛機比賽冠軍，他們從中得到成就感，我也替孩子感到開心。

小時不了又何妨

兩個兒子在校成績都是中等，老大考上泰山高中，後來念再興，老二考上中正高中，我覺得沒關係，只要孩子的自信還在，長大懂事之後自然會追求理想。

後來，兩兄弟分別念了輔大應用數學系、淡江資訊管理系，當完兵後，他們開始想念書了，決定出國留學。老二取得密西根大學企管碩士，老大更出乎我們意料，拿到南加州大學電機博士。

老大在畢業回台後，曾經投入軟體領域自行創業多年，後來在資訊安全軟體領域的公司就業，後因宏碁併購美國發展雲端技術的公司，延攬他協助整合雙方的技術與人才；老二則對運動行銷領域有興趣，也自行創業多年。

我自己也是「小時不了」，很愛玩，尪仔標、射橡皮筋，甚至賭錢，樣樣都嘗試。高中時還以補習為由，北上「流浪」一個多月，結果是去看紀政、楊傳廣比賽，到兒童樂園聽歌、泡茶。

進入交大之後，玩的時間比讀書時間還長，我是重考生，年紀比較大，很容易在班上、宿舍裡帶頭，但不是帶頭讀書，而是帶頭玩樂，我創辦棋橋社、攝影社之外，還擔任桌球、排球隊隊長。

容許犯錯，才能創新

企業也是，經營要能永續就要不斷創新，累積新的核心能力。一個鼓勵創新的企業文化，領導人不會鼓勵一窩蜂（me too）的做法，而是強調民主，因為創新的過程是要集結眾人之力，團隊合作，更重視授權，容許員工犯錯，讓人才有充分的發揮空間，這些都是打造創新環境的關鍵因素。

尤其是對失敗的容忍度有多大？對創新型組織的領導人，包容性格外重要，如果要求員工不能犯錯，這家企業一定很難永續成長。不容錯怎麼創新？不創新如何成長？我自己就是從很多的錯誤中學習。

培養創新人才要有兩個認知，需要錢與時間。錢是指因為嘗試錯誤所繳的學費，很多事光靠上課或看書是無法學到的，如果沒有實際被「燙過」，就是學不會。時間是指創新本來就會面臨很多的未知、挑戰，需要充足的時間讓人才有所歷練。

宏碁內部有鼓勵成立新創事業的文化。如果看到新機會，會鼓勵同仁內部創業，成立新事業部門，待能力成熟、業務穩定之後，再脫離母公司（spin off）獨立為新公司。新事業在發展初期，資源不足，如果能夠獲得集團的奧援，成功機會比較大。

開放終將勝出

另一個塑造創新環境的重要因子就是開放，這就是為何我會跟Google執行董事長施密特說，開放終將勝出，因為知識經濟打的是生態之戰，不只是公司跟公司的戰爭。

假設產業生態有十個分工，如果是封閉式創新，像蘋果，雖然把零組件廠商透過合約畫進蘋果圈圈的一環，但是創新單靠蘋果一家，等於是一個人要煩惱十件事。

開放式創新是整條產業鏈共同創新，系統建立業界標準，像Google的Android系統、Windows系統，讓這十個分工各司其職，創新價值，每個分工同時又有好幾家業者競爭，有效競爭能夠降低成本，等於是很多人一起做這十件事。

所以我敢大膽預言，如果單從個人電腦產業的「端」來看，蘋果未來的市占率不會超過30%，這還是要它能夠不斷創新的前提之下。

尤其是偏向標準化的產品，長期來說，開放式創新絕對會贏過封閉式創新，也只有開放平台，才能夠刺激更多的創新參與者加入，因為最後比的，是誰能為消費者創造最多的價值。

運用獨特條件，創新自己的典範

隨著韓國在國際上的崛起，常有人問我，台灣企業是否應該向韓國企業學習？回答這個問題之前，我想先分享一件至今仍讓我印象深刻的事。

1990年初期，我與國際管理大師畢德士（Tom Peters）拜會當時的李登輝總統，畢德士那時說：「我喜歡當台灣的總統，而不是韓國的總統。」

他解釋，如果他是韓國總統晚上會睡不著覺，因為會擔心若第二天哪個企業財團一垮掉，整個韓國就垮了，當台灣總統就不必擔心，台灣中小企業多，規模分散，就算單一財團倒閉，衝擊相對有限。

這位管理大師一語道破兩邊企業結構的不同。

從創新的角度來看，日韓大企業壟斷所有的國家資源，創造了三星這樣的大型企業，長遠來看不利於創新，因為新創企業不易發展。

好的創新環境很重要，其中一個關鍵就是民主，人人平等有機會，當一個社會能給年輕人、新創事業有更多的空間與機會，創新、創業的活力自然旺盛。

宏碁在全球的組織運作可說是一種創新的典範，這個典範是來自於本土市場規模太小，在發展過程不得不架構出一種新思維，與歐美日韓的發展模式都有所不同。

這個獨特架構是全球的人才在組織內都是平等、無國界的運作，不像日本公司運作以日本人為主、美國公司運作以美國人為主的本位主義，如果宏碁學歐美日韓的企業模式，又要與其競爭，結果一定行不通。

開路創新者必須有快速建立灘頭堡的能力

當你找到有價值的創新題目，並成功開出一條路來，接下來就必須盡快拓展出一個市場，先衝到相當的量，有了灘頭堡之後，便可開始建立王國。王國再小都沒關係，但要有自衛與攻擊能力，才能永續發展。

自衛能力就是蓋堡壘，也就是築起競爭障礙，愈高愈好，可能是文字、區域的障礙，如中文市場或亞洲地區的領導者；或者是規模障礙，比方會員數達好幾百萬人，這樣才不容易被吃掉。

像我創業時，也是一面走一面蓋堡壘、設障礙，建立王國永續競爭力。

攻擊能力是為了能持續發展，創造永續競爭力，可能是另外建立不同的王國，或是發展聯邦合眾國。

攻擊要有經濟效益，如果沒有贏的策略寧願不進攻，不是在台灣做得很好就一味前進。

譬如說，從中文市場進入英語系、中東國家，卻因為不夠了解超過所能掌控的範圍，結果很可能得不償失，這樣倒不如授權或是找當地的合作夥伴。

授權很像賣武器，讓別人去建立新王國，這些不同的小王國再變成聯邦合眾國。

不走me too的路，成長更持久

基本上，創業會有兩條路，一條是大家都想走的康莊大道，由於目前服務提供者的能量不足，市場供不應求，所以仍有機會加入；第二條是，原有的產品或服務無法滿足消費者，需要開拓全新市場，所以，你得走一條沒人走過的全新道路。

如果選擇第一條創業路，在往成功邁進時路上會有前人設的地雷。走別人走過的路不見得比較好走，甚至更吃力難走，創業過程中本來就要面對許多未知的挑戰，經常需要邊做邊學，還要避開別人設的堡壘、障礙。

所以我才會一再強調，不要走「me too」的路，做一位勇敢、自信開路的創新者，比做一位追隨者，成長更持久，氣也會更長。

王道心解

氣長路更長

創業與創新，就是在創造價值；如果能夠滿足社會需求，做一位共創價值的「商」者，同時又是誠信多贏的「道」者，就能進一步成為王道領導者。成功，也是遲早的事。

這是一段累積優勢的過程，更是一段比氣長的過程，要長到能夠證明獲利模式出現。

王者先要有耐心

可是，建立獲利模式需要投入資源，而且即使公司成功推出第一項產品，第二項產品也能成功嗎？可以複製之前的模式嗎？

依照我過去的經驗，要投資未來，建立成功的獲利模式，需要投入的資源與等待的時間，往往超乎預期；尤其，最不容易賺錢的投資，往往是最先進的技術，而成熟的技術，有時候反倒賺更多錢。

不打輸不起的仗

雖然如此，企業卻也不能因此就不投資，否則連舊有的優勢都會失去。還好，新投資一旦成功，成長速度也會比預期的快。

為了累積能力與經驗，創業與創新的過程，必須要有繳學費的心理準備；成長是痛苦的，要走沒走過的路、做沒做過的事，過程中有太多未知的風險、想像不到的挑戰。

我可能是台灣在品牌國際化的創業過程中，繳了最多學費的人；1989年，宏碁以五十萬美元併購了一家美國個人電腦維修服務公司，等到兩年多後，結算總帳時，卻虧了兩千萬美元。

但是，我有一個堅持，不打輸不起的仗，只要所繳的學費在能承受的風險之內，就可以忍受，也可以從中學到寶貴的經驗。

在變動的世界裡，不要迷信先進者的優勢，同時也必須丟下轉型的包袱。

製造是微笑曲線的根基，是有形的載具，沒有載具就一切成空。但是，製造終究是透過他人來體現價值，如果自己沒有不斷加值的能力，不符合王道，遲早也會被取代。

研發創新與品牌服務，是創造附加價值的兩大關鍵，自行車產業就是最明顯的例子。

原本，台灣廠商只是為國際品牌代工，因為要降低成本，除了前往中國大陸設廠，也往微笑曲線的兩端發展，強化研發與品牌，在大陸生產中、低階產品，把研發創新與製造留在台灣，終於成為全球自行車研發重鎮。

甚至，讓自行車不只是代步的交通工具，更成為休閒娛樂的一部分，改變民眾的生活型態。

走自己的路

創業，有兩條路，一條是康莊大道，因為現有產品或服務的提供者，缺乏足夠的能量，可以在供不應求的情況下加入市場；第二條是沒人走過的全新道路，因為原有的產品或服務無法滿足消費者，需要開發新的產品。

如果能夠解決這兩條路的問題，都是創造某種價值。但是，你想創造什麼樣的價值？

第一條路，雖然乍看之下繁華似錦，但路上可能會有前人設下的地雷，走別人的路未必比較好走；第二條路，雖然也會有許多未知的挑戰，但創業的過程本來就要解決問題、邊做邊學。

與其做一個追隨著，不如做開路的創新者，成長更持久，氣也會更長，路也能走得更長遠。

CHAPTER 4

做個微笑CEO

人生與企業，如果能選擇，

應該走利他的道路，

才能永續利己。

林靜宜看施振榮

「權力」對世界說：「你是我的。」於是，世界把它囚禁在它的寶座；「分享」對世界說：「我是你的。」世界笑了，回報給它無限的自由。

施振榮相信人性本善，就算歷經挫折、磨難，臉上永遠掛著笑容，堅持做著利他的事。好幾次發生重大危機，他也曾累倒在電梯裡，最慘澹之際，公司內外都說宏碁快垮了，不少人更笑他傻，一位領導者怎麼會相信人性本善？

他，其實是最聰明的「傻子」。他知道，若凡事利己為先則無法永續，最後自己也會吃虧；恐懼會讓人想緊抓一切，結果失去自由，愛則會使人張開雙手，反而擁有更多。走過人生大半，累積無數歷練，施振榮驗證了己所欲施於人，利他才能永續利己的管理哲學。

他，以利益共同體化解本位主義，用師傅不留一手取代大權在握。於是，宏碁從台灣小公司成長為世界大集團，更培養出泛宏碁集團許多頂尖的管理者與新世代人才。

他，懂得拉開與情緒的距離，待人接物絕不先批判，因為批判無法轉化成建設性的力量；他，把利益相關者視為一體，與人為善，以和為貴，用王道做出最有利的決策。

發現人生微笑的關鍵

成功是謀求自己的利益與發展，成就卻是謀求眾人的。如果你對於不順應主流就會被淘汰的價值觀不以為然，如果你對想出頭要拚第一、最聰明伶俐的人才能成功的思維感到受限，那麼，施振榮的觀點讓你看見更多的可能，發現人生微笑的關鍵。

他不是聰明的第一名，也沒有王者無敵的鋒頭，亦不跟隨主流，卻能創造出一番不凡的成就。他說，自己跟一般人一樣，追求名利、快樂，人生以享受為目的，為了名利、快樂，享受的自身利益，更要奉行利他原則，否則只會事與願違。

人生的情境，只是舞台的布景，無論身處何種，只有自己可以決定情境的意義。只要懂得做個微笑CEO，不論是管理企業或經營人生，在成就眾人之際，也能創造出自己的最高價值。

◉ 第十六章 ◉

決戰未來的王道競爭力

當出發點是從社會責任開始，
考慮所有利益相關者的權利，
思考點本身就已經圍繞王道了，
這也是未來領導者要具備的思維。

很多人找我分享經營管理心得，其實我的道理都很簡單，出發點也很單純，可以說是「吾道一以貫之」，這個道就是我這兩年一直在強調的王道精神。

我的創業人生，與其說是我做了選擇，倒不如說是老天安排。

若不是為了不想讓台灣錯過微處理機的技術應用市場，若不是為了一群突然失業的窮小子，我可能不會動創業的念頭（參見第一章）。

相信人性，享受大權旁落

我的管理哲學是相信人性，享受大權旁落，我相信員工，也不把面子放在第一位，而是鼓勵他們超越我。

從當領導者的第一天開始，我經營企業就是秉持誠信、透明、公平、負責這四個原則。在社區住了大半輩子，退休後才敢大方出來散步，從前上班時心思都在公司，很怕股東罵我工作不認真。

做品牌要開拓海外市場，我很早就提出要當世界公民的想法，每到一個地方就要融入社會，成為當地的公民，借重當地人才，善盡社會責任，如此企業才能受到尊重。

這些之前就想通的事，我奉行了大半輩子。一直到後來，我才發現，原來那些老早明白的道理、畢生堅持的原則，其實就是王道精神。

如果沒有王道精神，組織很難永續經營

我不是為了自己想賺大錢而創業。

一開始，我們有七位合夥人一同創業，其中我和我太太持有的股票約占50%，後來有兩位合夥人離開，他們的持股在過程中也有些異動（均由公司的同事接手）。

這些股份，其中10%由公司買進，並且，為了鼓勵對公司有貢獻的經營幹部，以買進價格打八折賣給他們，因為希望他們把公司當成自己的事業來打拚。

吃虧就是占便宜，結果為公司贏來更多優秀人才。

我遵守公司治理，決策會考慮所有利益相關者的權利，不只考量股東利益最大化，還要創造所有企業相關者，包含客戶、員工、股東、經銷商、供應商、銀行，以及社會、自然環境的利益，維持生態平衡，這樣的商道本身就已經圍繞著共存共榮的王道。

我的思維很簡單，當我保護了所有的利益相關者，對他們有利，我自然也受益。

站在經營者的立場，投資人跟我一起分擔風險，所以

決策時要以整體利益為考量，與所有董事、經營團隊集思廣益。如果不能兼顧其他人的意見，決策不僅容易有盲點，一旦造成損失想要大家共體時艱，他們也不會願意，因為已經不信任與支持你了。

經營海外市場，讓利就能利己，既然到人家的土地發展，就要把自己視為當地的一份子，將部分利潤回饋當地社會，消費者也會尊重這家企業，提升品牌好感度，如果只占當地便宜，這是不王道的，也是不會被支持的。

走一條利他的路

王道精神的核心內涵是創造價值與利益平衡，也就是說，一個組織為追求永續發展，就要不斷創造價值，讓所有的利益相關者感到滿意及平衡，因此不只考量有形價值，也需計算無形價值。

比如，企業的所作所為是否能為社會帶來幸福、快樂的正面影響力？如果以創造價值為目標，微笑曲線是一條說明產業附加價值的曲線，王道是利益平衡才得永續的基本精神，兩者相輔相成。

不論是企業管理、創業創新、人生哲學，我的中心思想，都是以創造價值為目標，思考能為社會做出什麼貢獻，以及能對世界帶來何種價值，但這需要建構在王道精神的基礎上。

我一直堅信，人生與企業，如果能選擇，應該走一條利他的道路，經過風浪活到現在，愈來愈覺得利他真的是永續的利己，如果不這樣，組織很難永續經營，個人也不容易在世上找到安身立命的方法。

領導者存在的意義是創造平衡的生態

資本主義是利己大於利他，會使企業重視短期獲利與個人績效，經營策略與思維變得很霸道，競爭到最後陷入不是你死就是我活的零和賽局，因為一方的收益必代表另一方的損失，在競爭之下，想法子損人利己。

之前的雷曼兄弟結構債風暴就是利己大於利他的貪婪後果。從金融高階幹部一路到理專、客戶，每個人的出發點都是利己。

我記得金融危機發生前兩、三年，有次回鹿港老家，聽到人家在講有個利息保證7%的金融衍生商品，當時我一聽就覺得不可能，天下沒有白吃的午餐，哪有坐在家裡就有高利息掉下來的事？現在的世界充斥著貪婪，產生貧富不均、所得差距懸殊的問題，就是西方思維的盲點。

大道之行，天下為公，這個道理已經有很多思想家、宗教家、實踐家說過，組織唯有讓所有參與者的利益平衡，才可能有永續的力量。

如果一位領導者或某政黨掌握了執政權，卻只想到緊抓權力，不行共存共榮、以德服人的王道，把包含老百姓在內的社會相關者當成利益共同體，為國家創造價值，長久下來，生態就會不平衡。

當然也有人會說，沒有權力，怎麼為國家創造價值？任何一個建設性的角色都可以創造價值，不是只有執政者才能創造價值，重點在於是不是從利他的角度出發。

換腦袋或被調整

實際上，生態會不斷調整走向平衡，本位主義者長期而言是占不了便宜的。在不平衡的情況下，儘管你此刻享受成功甜果，但很可能是進入下一個惡果的開始，所以要及早調整，不是自己換腦袋改變就是別人來幫你調整。

太自私的結果只是自己為難自己，因為社會的運作就是讓大家參與，共同創造價值的過程。如果想要組織的每個人都能貢獻智慧，就要利益平衡，否則團隊的力量無法發揮。

每一個人也要管理自己的利益、欲望，了解付出才有收穫，想獲得愈多努力就要愈多，想多分一點貢獻就要多一點，這種平衡才是真平等。

那麼，或許大家會問，如果碰到本位主義很重的一群人，該怎麼管理？領導者存在的意義就是要去溝通，最好的方法就是走東方的王道，建立一個利益共同體的制度，創造平衡的生態。

六面向價值總帳論

制度要能永續發展，就要不斷調整運作機制。領導者若從王道的角度切入，可以從六個面向的總價值來考量，這就是我提出的「六面向價值總帳論」，分別是有形／無形、直接／間接、現在／未來，思考價值與成本在這六個面向的相互影響，找到一個動態的平衡，讓制度永續。

此外，平日就要特別注意避免不平衡因素的形成，一旦出現領導者應該著手調整，因為它們會累積，日後將影響系統運作效益，生態出現失衡現象。

像台灣健保為社會創造價值，提供民眾醫療保障，只不過收支早已無法平衡，卻沒及早調整機制，現在面臨無法永續的難題。從王道精神來看，調整機制的關鍵就是讓生態的所有利益相關者感到平衡，包括全民、病人、醫院、醫療從業人員、藥廠等所有參與者。

持續調整，再臻平衡

健保是全民皆為利益共同體，如果健保因財務危機無法永續經營，這是令人遺憾的。貧與病的問題對整體社會的影響層面最廣，一個人生了重病，很有可能拖垮背後的家庭、家族系統。

要解決健保收支不平衡的問題，需從開源、節流兩個角度來思考。

在開源方面，需要增加保費的收入，我提出的「全民健康福利稅」，就是希望政府能設計新機制，讓所得在某一門檻以上的富人「享受犧牲」，多繳一些費用，既為了自己的健康讓健保能夠永續，也可以多貢獻社會，照顧弱勢，何樂不為？而且，政府只能將全民健康福利稅捐用於健保體系，我相信，有錢人很願意盡這種具體的社會責任。

在節流方面，則要控制醫療成本及藥品的支出及病人浪費醫療資源的情況，這可能要從兒童教育開始著手。

雖然制度的調整勢必會影響到許多人的權益，不過為了讓生態再度平衡，大家要建立調整也是為了讓健保制度永續的共識，為了維持健保制度，大家不能只站在自己的利益來思維，而應該要以更大的格局來看待這件事。

此外，總額給付造成醫療體系失衡，基層醫護人員負荷過重，各科別風險、挑戰不同報酬卻相同，人的行為會受機制影響，這些都是形成生態失衡的因素，都要盡快調整。

不平衡，變革即起

一個企業獨大時也要行王道，我對Google、微軟都這麼說過，當生態無利可圖，大家就無法永續。只要生態不是平衡的，總會有人一有機會就想要改變，產生變革。

微特爾（Wintel）的機會也在於是否行王道。如果想要有更大的影響力，挑戰現有平板霸主蘋果、Google陣營，就要讓所有共同創造價值的參與者，利益能夠平衡。

宏碁在2005年晉升蘭奇擔任全球CEO（蘭奇於2011年離職），剛開始幾年他做得很好，但後幾年面臨蘋果崛起，智慧手機、平板電腦衝擊個人電腦市場，以及歐洲經濟不振，品牌陷入困境。我後來檢討原因，發現關鍵就在於行王道或行霸道所導致的不同結果。

2000年時，宏碁把自己的利潤壓到最低，讓利給通路合作夥伴，在全球複製「新經銷模式」，完全不做直銷，連大企業訂單都讓給經銷商去做，專心衝刺創新研發、設計、行銷、服務的品牌事業。

由於遵循王道精神來經營企業而得天下，與合作夥伴建立長期的互信、互利關係，分享利益，讓Acer躋身全球一線個人電腦品牌。

行霸道，更加無利可圖

可是，面對市場後來的劇烈變化，原本遵循王道精神的蘭奇偏離了這條路線，後頭對通路塞貨，前頭向供應商砍價，沒有思考生態平衡。

西方的價值觀是重利文化，凡事講求股東權益最大化，領導人出現偏差思維，以為沒替公司和自己賺很多錢就算失敗，很容易變得霸道，因而忽略企業長期的發展及利益相關者的平衡。東方的王道精神是兼顧生態裡的所有利益相關者，達到均衡，為社會做出貢獻，企業因而能永續發展。

永續至少要以五十年、一百年為單位來看，不能單從利己思維出發。全球現在最害怕的競爭對手就是韓國，擔心它持續做大無人能敵，就王道思維的角度來看，韓國勢力只能稱霸一時，無法永續。

1997年亞洲金融風暴過後，韓國政府要三星專心發展3C電子產業，國家也給了很多資源，他們成功的企圖心很強，有長期的承諾，投注很多的資源在研發、設計及培養品牌，因為有前瞻性投入，現在拳頭大，很多廠商不得不跟它合作。

不是做大就能贏

但是，國際社會不是只靠大就能贏，理論上要滿足所有參與合作的利益相關者；而且，生態的發展不能只靠拳頭，要靠朋友。韓國很重視私利，不是行王道，三十多年前，韓國要我幫他們設計終端機時我就拒絕，因為他們的出發點都是自利，不講道義。

我的看法是，這樣不平衡的生態總有一天必須調整，如果韓國自己不調整，對外，它會發現長期過於現實，與所有人為敵，其他人會聯合起來一起創造新的價值；對內，社會發展會失衡。

有段時間韓國罷工很多，國家資源獨厚大集團，很多中小企業被壓縮到沒有空間。我認識一位在韓國做個人電腦的董事長，他的企業在早期發展個人電腦比三星、樂金更成功，那位董事長在產業界非常有分量，後來被大企業集團擠壓，最後連他也從市場上消失。

先不管大家認不認同這樣的生態，但韓國與日本的社會文化都出現了這個現象，它的確讓多數人沒了創業的希望。

我們希望將社會的資源集中在少數幾家大型企業，還是讓社會多元發展百花齊放？一個國家應該讓大家都有機會，還是讓少數人壟斷機會？大企業對中小企業的照顧是否符合王道？這都是值得深思的問題。

較量誰能創造更多價值

不過，企業講求王道並不是沒有競爭，也並非不以賺錢為目標，假使用了很多社會資源最後卻是虧損，這是不王道的，因為浪費資源。

競爭在王道的思維裡不是爭你死我活，而是比誰創造更多的價值，也就是誰對世界的貢獻比較大。雖然美國發明了IT科技，但藉由借重台灣這個全球IT產業的聚落，讓IT新科技可以最快的速度應用，加上台商降低成本的優勢，讓IT產品的售價得以降價，進而讓IT產品普及化，造福更多人類，從這個角度來看，台灣對世界的貢獻並不比美國小。

實際上，企業在商業環境裡，競合同時存在，若堅持不跟合作夥伴競爭也有一定的困難，企業為了成長必須擴張，原來的合作夥伴因而會有不同立場。

我的做法是不要從自己一定要贏的角度來看事情，要考慮合作對象的立場。如果未來發展會跟合作關係有所衝突，也不要在過程中傷害別人，把合作關係弄清楚，要有道義，不能我要你的東西卻不給你我有的，用台語白話講，這是做人沒有「互相、互相」。

同樣的，對大陸有而我們沒有的，需要借重對方；對台灣有而大陸沒有的，我們要發揮整合的力量，一起創造價值，能夠「互相、互相」，才有利於長期競爭力。

有時，原本並肩作戰的朋友，開始不得不有所競爭，這種情形很常發生在新創公司成長為大企業之後。初期，雙方都是小公司，結盟發展，當大家翅膀都長硬後，可能因為策略改變變成競爭對手。王道的做法是盡量取得合作夥伴的理解，如果對方不認同也要講明白，光明正大的競爭。

要整體思考，顧及眾人利益

創造新的價值需要國際思維，台灣整合大陸的能力比大陸整合台灣的能力好，台灣整合矽谷能力也比大陸強，但這個相對優勢只領先五年，所以台灣在整合國際資源上要更積極，能力也有很大的進步空間。

因此領導者要認知到，王道是使競合常態能夠維持平衡及永續經營的最佳策略，現在的國際社會愈來愈需要懂得顧及大家的利益，做個可被信任的合作夥伴。

有遠見的策略會以王道精神為基礎創造價值。當出發點是從社會責任開始，考慮所有利益相關者的權利，這樣的思考點本身就已經圍繞著王道，這也是未來領導者需要具備的思維，不要再走西方資本主義的霸道，也不要學韓國重視利己，追求獨大的思維，那都不會長久。

我之前思考宏碁集團的發展，每次的再造關注的都不是個人、少數人，而是整體思考，因為大家的利益都考慮到了，這樣積聚的力量才會強。

該不該行王道？從歷史就可得知，秦始皇統一中國後，暴政獨裁，最後生態不平導致滅亡，漢唐能夠開創盛世，就是讓生態利益平衡、社會安康。

現在的世界狀態，很像春秋戰國時代的氛圍，如果說二十一世紀是中國人的世紀，那麼決戰應以中國人對人類的貢獻是否最多來衡量，要用王道精神來創造價值與競爭力。

無論是個人、組織、企業或國家，如果目標是永續，就要堅持共存共榮的王道精神，謀求眾人的利益與發展，建立利益共同體。先從利他出發，其他利益相關者也會因為能夠互蒙其利，回過頭來成為發展的助力。

你想要做哪一種領導者？是在主流的零和遊戲中，陷入勝者為王、敗者為寇的勢力消長，拚得你死我活？還是走出一條讓很多人可以永續成功，講求誠信、公平的王道之路？

第十七章

做對決斷的關鍵

很多領導者擔心無法做對決策，
我自己是從利他出發，
相信人性本善，同時絕對授權。
就算失敗，一定要有認輸心態，
放下面子，也就多一次反敗為勝的機會。

決策是每位領導者主要的工作。企業經營的決策會有失敗的風險，領導者在面對失敗時一定要有認輸的心態，如果不認輸，很難打從心底面對錯誤徹底檢討，重新擬定策略；如果肯認輸，就多一次反敗為勝的機會。

我走了一生的創業路，面臨過許多次失敗，這些失敗的確帶給我許多教訓，但也累積很多的經驗。華人文化會把面子看得比什麼都重要，硬撐的結果反而錯失改變的良機，不知不覺把「命」給丟了（毀了公司或法人的前途）。

認輸的當下，等於放下面子，這也是為何我會說「認輸才會贏」、「要命不要面子」。許多事情壞到無法收拾，公司也被拖垮，都是領導者為了面子問題不肯承認失敗，一步錯，步步錯。

失敗是邁向成功的過程

肯認輸，不要面子，代表接受過去的決策需要改變，但不是連帶把信心也輸掉，失敗只是邁向成功的過程，尚未找到做對的方法而已。

很多時候的決策是不得不的選擇，這反而是很容易做的。當初在打品牌時，因為我們不是美國公司，沒有能力走美國公司的路、不能用同樣的方法，就不得不採取其他策略，所以宏碁一開始是用鄉村包圍城市。

我很清楚自己不做跟隨者，因為這樣不但不會創造新價值，還會造成市場供過於求，四大「慘」業就是如此（DRAM、面板、太陽能、LED等產業因市場供過於求導致價格不振）。在市場供不應求時跟著投入熱門產業，短期雖然能分享利潤，但之後會引來更多人一窩蜂跟進，造成供過於求的慘況，最後拖垮整個產業的生態發展。

去掉「me too」的選項之後，我不得不做其他選擇，我的經營策略和歐美日都不同，這樣我才有勝算。全世界的管理學都是向西方學的，產業發展的經驗也跟日本學習，但我在了解他們的做法後會再加上自己的想法，因為我們的文化及發展情況跟他們不同。

我的所有決策都會根據當時的客觀環境、分析結果，並廣納其他人的意見，一旦決定就勇往直前。如果事後失敗了，也不用責怪自己判斷錯誤，我的能力就是這麼多，只要事後仔細分析失敗的原因並從中學習，我不會怪父母沒有把我生得更聰明，也不會怪別人，這就是決策時的客觀環境。

當已經對現實與能力進行分析，周遭人也參與決策，成了就是成了，敗了就是多一個教訓，組織和我都學到經驗，從教訓中提升能力。天下絕對沒有一樣的問題，你認為一模一樣實則不同，時間不一樣，環境也不同了，領導者只能把組織變成學習型組織，消化、學習過去的經驗。

企業的成長是這樣的：每當到一定規模後，隨著時空環境的改變與各種資源及能力的限制，企業就面臨成長的極限，成長開始趨緩或出現下滑，所以企業成長曲線會像是多個S組合而成（見圖17-1）。從S曲線來看，成長到了一個轉折點，如果領導者可以主動改變，企業就會再次展現高度成長的動能，直到面臨下一次的成長極限。

改變，等於是領導者要先自打耳光，率先打破過去的成功模式，可能是調整甚至走相反的方向。宏碁的再造也是我不要面子，重新檢討自己以前講得頭頭是道的策略。

其實，領導者能放下面子反而代表有自信，能夠承認失敗，重新再來。公司業績下滑是大家心知肚明的事，領導者本來就要負最大責任，換個角度想，不怕丟臉，先打自己耳光，等於是為自己找台階下，自己打也才會知道出手會不會太重，組織能否承受得起。

面臨不景氣時，先把氣保留下來

大環境的變化向來是領導者要面臨的挑戰之一，尤其不景氣來臨時，更是考驗領導者的決策能力，在關鍵時刻如何帶領組織度過，以2007年全球金融海嘯為例，一波接著一波

圖17-1　企業多S成長曲線

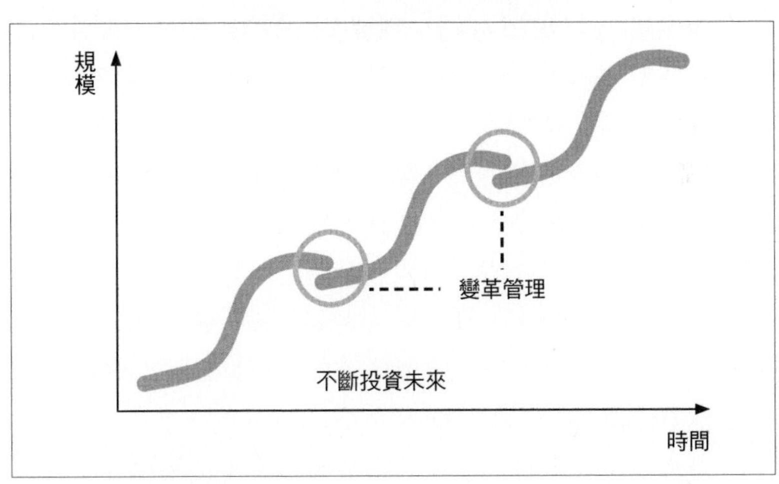

來襲，當時誰也無法預期何時會結束。

當不景氣來臨時，領導者要先進行資源管理，思考原本的投資計畫是否要踩煞車，讓資源先不再外流，會讓企業「耗能」的動作也要暫停，把氣先保留下來，再來思考如何帶領企業度過不景氣的難關。

在資金決策上，我有個「企業過度借錢擴張必倒」的理論，而且缺錢時應先從內部找資源，到外面找錢反而是下策。

經營企業不能只看未來的機會，也要考慮潛在的風險，如果過度擴張信用，一旦失敗，日後要東山再起的機會比較困難，最好不要以借貸做為成長的動力。如果有極好的發展或投資機會，不得不以借貸來擴張規模時，也一定要考慮到自身的償債能力，否則一旦遇到景氣緊縮，超出能力範圍，立即會對營運造成衝擊。

當企業資金吃緊時，一般人會想到從外面要錢，我的經驗是從內部找錢才是上策，宏碁也把對內找錢變成企業文化的一部分，從資產負債表檢視資產的合理性與有效性，例如盡快收回應收帳款或用應收帳款融資；檢視公司內部資產報酬率，評估低報酬率資產處理換資金的可能性；近期所有的投資計畫暫緩，以免擴大缺口。

現實情況，會有很多企業將營運資金用來操作匯率或衍生性金融商品，有時會賺得意外之財，但稍有不慎也可能大虧損，對企業營運造成極大的風險。宏碁以前在匯率上吃過虧，經過教訓後就是百分百避險，我們只賺本業應得的錢，不賺靠財務操作的錢，不過這需要管理的紀律才能落實。

不要因為遇人不淑就對人性失去信心

經營企業就是在經營一個可獲利的模式，讓所有參與其中每個環節的合作夥伴，都能發揮各自的獨特價值與定位，分享利益，如果事業的經營模式只有自己獲利，必然不會長久，最終沒人會願意一起合作，反而什麼都得不到。

實際上，世界是有利於願意分享的付出者，我才會說利他是最好的利己。如果要讓你的利己能夠永續，不用擔心隨時會被破壞，那你的利己就最好建立在利益共同體上，與別人的利益與共。

相信人性本善就是利他利己的管理哲學。因為相信人性本善，領導者會盡量授權，如果不授權凡事自己做，先把自己累死，絕對是死路一條；再來公司無法交棒，也是死定了。

授權有可能遇人不淑，吃虧也沒關係，只要能夠記取教訓，下次學乖就好，至少這是一條活路；如果不授權，累死自己一定是死路，我當然選擇賭有活命機會的授權。

其實，授權雖然是賭人性，但勝算機率比賭博更大。

賭局的設計本來就是讓莊家贏面最大，在我看來，創業的勝算機率比賭博大，賭事業、賭人性的過程中可能有輸有贏，只要賭本還在，堅持下去，最後就會贏。但是，大家反而有勇氣去賭城一擲千金，卻害怕賭勝算更高的授權、創業。

況且，我授權給別人，別人做出來我也有功勞，這有什麼不好？如果員工做錯了，雖然我要負責，不過人才因此有了經驗，下次就會做得更好。

相信人性本善的授權體系，可以把人的潛能發揮出來，有權利的人自己就會負起責任，拚命做好，若很負責但是能力未及，就當作替人才繳成長的學費，萬一不幸所託非人，既不負責又不做好，他不要這個舞台，還有其他的人等著發揮所長。

建立預防盲點的管理制度

管理，不是把員工當作壞人而設下許多制度規章，信任的環境才是人才發揮創造力的基礎，相信人性本善與管理制度並不衝突，領導者只需管理人性的盲點。每個人都有盲點，比如說貪心、先為自己著想、愛面子，從外頭來看是盲點，實際上只是人性，並非善惡的區別。

領導者要做的是預防盲點的管理制度。創業初期，宏碁往來的對象都是政府機構、學術單位與大型企業，放帳（先出貨、後收帳）的風險不大，後來建立經銷體系，開始有倒帳的風險，於是管理制度就要預防盲點的發生。

當時公司規定經銷商要根據其公司規模與財務情況，配合適當的抵押，給予一定的信用額度，當超過額度就要用現金交易，外銷業務也一定要有信用狀或銀行保證，否則絕不放帳，這樣的做法讓宏碁被倒帳的比例比同業低很多。

但是，員工難免為了爭取業績而抱怨，別家公司都放帳那麼多，這樣很難拿下訂單。員工的心態沒錯，我那時在內部建立清楚的認知，公司經營的心態不在追求大，而是追求穩健的訂單，讓大家知道慎選客戶及訂單的品質比衝量來得重要，有時寧可犧牲訂單不接，因為只要被倒一次帳，就不知要接多少訂單才補得回來。

領導者要為每個人創造舞台

同儕天生就是競爭，大家會求表現，每個人的個性與意見也不同，在公司內部本身就會有鬥爭，兄弟也是如此，這是很自然的情況，因此，CEO最大責任就是要為每個人創造成長與表現的舞台。宏碁的內鬥相對較少，因為我很用心安排人才的表現舞台，讓大家鬥不起來。

在企業內部，同儕之間搶表現、爭功勞是理所當然的人性，從好的方面來說也值得鼓勵，但我不鼓勵互相的拉扯，去講別人的不好、批評別人的意見，通常我會故意聽不進去，甚至只是微笑傾聽，不做任何反應。

不過，我經營企業強調團隊精神，如果因爭表現導致不互相配合，對公司的發展不利，我會曉以「大利」，讓他們了解彼此是利益共同體，大家合作才有利可圖。曉以大利之後，若仍無法讓競爭的同儕勉強合作，在可能的情況下，我會另外安排適合的舞台，讓他們可以各自發揮。

當年宏碁算是台灣早期高科技產業的代表，是許多高科技人才的第一志願，人才濟濟，我也遇到公司人才之間因個性不合而有所衝突，我那時將事業分拆，提供不同的舞台讓人才各自發展，集團也因而讓許多有經營能力的人有機會一直往上成長。

傳統文化中，師傅留一手也是雙輸的想法，既不利他更不利己。我反向思考，從自己開始，在企業塑造師傅不留一手的文化，在宏碁裡，培養接班人是主管升遷的重要考核標準。不留一手，自己就要不斷前進才不會被趕上，當你一直往前，就可以蹦出新東西，有新的生路，如果永遠只會那些舊東西，很容易碰到瓶頸。

很多領導者都擔心無法做好最佳決策，我自己是從利他出發，相信人性本善，同時絕對授權，過程中有對有錯，大體來說結果是好的，因為就算犯錯，只要決策者能夠認輸，就能從錯誤中學習。

事實上，勇於認輸的人，往往才是最後的贏家，經營企業如此，做任何事情也一樣。當錯誤發生時，外人很難得知，但當事人最清楚，如果能放下面子，先認輸、再改進，這樣進步最快。

◉ 第十八章 ◉

培植組織的變革DNA

企業領導者要在組織內植入改變的DNA，
光是改善，
跳脫不出原有思維。

我長期關注國內外企業的經營管理，如果領導者要讓企業能夠突破多S曲線末端成長趨緩的瓶頸，根據我的實務經驗，每隔十年，未來也許更短，企業要主動再造進行變革，不要等到真的出問題再來改變。

1990年代初期，美國、日本企業都在談再造（reengineering），可是日本從90年代經濟泡沫化後一直無法再崛起，我觀察到一個很重要的原因，就是日本太依賴過去改善（kaizen）的成功模式。

未來不能只靠改善

持續改善還是走在原路上，雖然品質已做到最好，但不見得能符合市場的需要，只要出現跳躍式創新的競爭對手，提供市場更好的選擇，就會取代現有的企業。

新經濟時代，企業無法只靠改善克服所有的問題，必須靠變革管理帶來全新的思維突破成長極限。從多S成長曲線來看，變革管理應該在典範轉移時就要主動出擊，但人性不喜歡改變，除非當時看到新機會或是經營面臨困境。

所以，領導者要在組織內植入改變的DNA，企業如同人體，不只要存活，更要常保活力。面對大環境不斷改變，當企業推動變革，我常說企業CEO就要「換腦袋」，如果CEO

不換腦袋那就得「換位置」。

一般來說，國外企業在進行變革管理時都會換CEO，但對華人企業來說也許換腦袋更有效，因為在位的CEO更了解公司的組織文化與發展脈絡。

在知識經濟時代，你不可能用同一套方法做一輩子，要在「老套」還能賺錢時先思考好「新套」，否則就可能在競爭對手崛起下變成跑龍套的角色，甚至被市場淘汰。

整個團隊都要換腦袋

與直線式的改善不同，變革是跳躍式的，啟動的時機很重要。第一可以看營運數字，數字開始表現不佳就是時機。第二看外部環境的變化，當環境明顯改變影響到內部，也是改變的時機。

不過，我不認為變革管理可以完全靠外部的顧問，大部分要靠自己，顧問只能提供一些建議。宏碁在一造時找過麥肯錫顧問公司，後來放棄了，準二造時也找他們協助改善全球運籌流程，但後來也沒辦法針對研發到服務的全球流程提出太多因應策略，因為我們當時選錯變革題目，自有品牌與代工並存的衝突本來就是無解。

要選什麼題目進行變革應該由自己決定，顧問只能提供有哪些做答的方法，如果要靠顧問來做變革，基本上已經失敗了一半。

領導者是變革管理成功與否的關鍵，要相信原來的老路已行不通，從自己到整個團隊都要換顆新思維的腦袋。進行變革管理之前我非常用心，很多人認為我動作慢，其實我是在觀察、思考，找對的變革題目，該動作時才採取行動。

對事，我很果斷，該怎麼做就怎麼做；但對人，我的原則是和緩，就算這個人無法勝任現有職位也不會給他難堪，還會幫他找適合的舞台，除非他做了對公司不利的行為。

聚焦並形成共識

變革要有重點，不能失焦，要與經營團隊一起討論並形成共識。特別是CEO與未來要分頭執行各項策略的經營團隊要能形成共識，也要找到清晰的願景目標，不能唱獨角戲。像我自己會諮詢很多同仁，我的變革信心來自於我的溝通，因為要得到助力需他們也認為可行，如果主帥在前頭搖旗吶喊，卻沒人跟隨也沒用。

再來是簡化，在眾多策略中投票選出三、五項關鍵策略，甚至最好設定在三個以內。之後，專注在這幾個團隊有高度共識的策略上推動變革，只要能把關鍵策略做對、做好，其他枝枝節節的問題自然也就解決了。

過程中，持續跟團隊進行有效溝通。我在推動宏碁再造初期，幾乎每個月都要對經理級以上的主管進行溝通，因為變革要有成效，反映到財報數字上需要時間，短則一年、長則三年，這會考驗大家的耐心和信心。

以宏碁的世紀變革為例，從2000年底啟動變革到真正看到曙光花了一年半的時間，再到真正有好成績出現約要兩年半，在看到成果之前，要能堅信變革是往對的方向走。領導者要將這些努力的成果，像庫存降低、新產品的開發進度、新訂單等先期指標，不斷與大家溝通、打氣，這些指標外界看不到，但內行人知道公司已走在正確的道路上。

變革也要斷捨離

企業變革要建立新觀念、新文化，光說是不夠的。大家心裡會問：「是不是玩真的？以前不是這樣，真的要這樣變嗎？」人性會觀望，看龍頭先變，龍尾會慢慢等，每個人都是等輪到我再說，領導者要讓大家知道非變不可。

宏碁第一次再造時，為了展現變革的決心，我在1991年還向董事會提出辭呈，獲得董事會慰留後才正式展開再造工程。這個動作也是要讓公司全體員工體認到，公司面臨非變不可的情況，連老闆自己的位子都已經不保，大家更要下定決心進行變革。

最重要的關鍵是要捨得去掉包袱，該砍的要先砍掉。這個觀念隱含的意義是，過去的包袱由過去的人承擔，新的人要來接，要把過去的帳先算清楚，接手的人所做的努力與成績才能顯現出來，並獲得應有的獎勵。像日本有些銀行，十年不打壞帳，結果每年的績效都不好。

舉例來說，美國企業如英特爾放棄DRAM部門、德儀放棄筆記型電腦部門及DRAM部門，宏碁買下德儀筆記型電腦部門時，德儀還支付宏碁近一億美元，若非如此，德儀這個部門因經營不善，後續要付出的代價可能更高。

當宏碁買下德儀筆記型電腦部門消息一宣布，德儀當天股價立即上漲。德儀在處理筆記型電腦部門後，又處理DRAM部門，雖然公司營收只剩不到原本的一半，但市值卻因而成長四、五倍。

時空變遷，隨勢異動

隨著時空環境的不同，企業藉由啟動分割及併購，分分合合不斷變革，才是對企業最有利的一種方式。這種現象在華人文化很難想像，但在美國會發生，因為在美國的客觀環境已發展到這個地步，投資人是這樣在看事情。

像我是台灣第一個進入DRAM產業、第一個跑出來，也是唯一賺到錢的。因為DRAM領域並非宏碁專長所在，當時就決定讓德碁給台積電併掉，幫宏碁去掉一個大包袱。

過渡管理與執行力

過渡管理（transition management）是再造成敗的關鍵。企業原來的狀態是什麼、未來要走向哪裡，從原來走到未來的不同之處要講清楚，包括目標、策略、組織、運作和以往有何不同，企業內部的溝通文件都應該事前整套準備好，才能與大家充分溝通，並把共識與信心感染給每一個人。

而且，要設計一些化繁為簡，或是由簡至難的行動計畫來執行，簡單的先做、難的慢做，做出小成就後再來帶動大成功。初期內部的雜音一定很多，因為不習慣也沒有把握，每個人都會有一些不同意見，如果沒有充分溝通，很容易就會走回頭路，讓變革前功盡棄。

當然，變革要能成功，執行力是關鍵，除了策略規劃要簡化、專注之外，內部的訓練、追蹤、考核、獎懲也要能配合，領導者的言行能否一致，也都關係著落實策略的執行力。

再造之後，企業資源重新分配亦十分重要，「暫緩」方向的資源要抽離出來，「加強」方向的資源要重新配置，例如企業關鍵績效指標（Key Performance Indicator，簡稱KPI）就要調整，激勵機制也要配合，以往每年算一次總帳的激勵機制，可能要改為每季訂一個不是太難達成的變革目標，達到了就給獎金，即時激勵同仁。

華人企業較適合內部再造

國內外的大型企業有許多企業再造的案例，有的企業推動變革管理時習慣借助外來力量，如找外面的CEO接手，大刀闊斧進行企業再造。

但以宏碁為例，過去的兩次再造都是由內部進行，甚至下一次宏碁的再造變革，我都期待由內部來再造，這是因為文化的不同，華人企業還是內部來發動再造變革比較有效。

公司內部的人對公司過去發展的歷史與現況最清楚，內部再造動起來也最有效率，如果借重外部的力量，往往要花費許多時間說明公司的來龍去脈，成效未必好。

企業就像人體，需要好的新陳代謝，通常公司愈大再造所需的時間愈長，難度也愈大，領導者要在事業巔峰時，預想下一個階段應該怎麼發展，寧願推動未雨綢繆的變革，也不要等到遭遇當頭棒喝的衝擊再來進行改變。

◎ 第十九章 ◎

打造永續經營的企業

建立接班制度是為了讓企業能永續發展，
交棒就不要想再復出，
享受大權旁落，安心放手。

我在四十多歲時就已決定，六十歲退休將公司交棒給專業經理人。從創業的第一天開始，我就不認同公私不分的企業文化，因此很早就在公司內部建立所有權與經營權分開的觀念。

所有權與經營權分開，能讓企業永續。經營權交棒給有能力的專業經理人，所有權可以傳給家族成員，他們單純當股東就好，不論對孩子、對股東、對公司同仁，都是最佳的安排。我看到有很多企業第二代接班時，爭產奪權，兄弟鬩牆，這是誰的責任？是上一代要負責，接班應該要事先安排好的。

我能交棒的東西有兩個，一是企業經營權，二是財產。我的小孩從中學開始，就知道經營權不會交棒給他們，碰都不能碰。至於財產，我拿出部分做為公益基金回饋給社會，並把責任交給他們幫我經營下去，保留公益基金之後，我擁有的公司股權則分給子女，由他們自行處置。

現在很多人都用信託，將家族持股集合在一起以便控制公司。我本來就沒有「公司是我的」觀念，今天我有股權、有能力都不去控制公司了，子女更沒那個條件去控制公司。如果有一天，我的子孫要將股權賣掉，只要公司永續，他們能善用這些財產，就可以了。

反過來說，如果當初我選擇交棒給子女，對他們也不公平，他們可能會被迫放棄自我，人生就是要走出一條自己的路，做父母的要尊重子女的人生自主權。更何況若他們經營企業的能力不足，也會過得不開心，對所有股東以及多年來一同創業、打拚的同仁也不公平。

目前，我的小孩都有各自的興趣與舞台。如果有一天因為公司需要，我的第二代、第三代被公司邀請參與經營，我不會反對，但前提一定是要能勝任，他們必須是股東認為足以擔大任的專業經理人，也有能力做好。

既然決定傳賢不傳子，就要早點開始用心安排交棒，日後企業接班才能順利成功。

我知道，實際上仍有很多企業經營者無法接受傳賢不傳子的觀念。華人普遍認為，企業要交棒給子女或家族成員，這並沒有對錯，只是我追求的是永續，因為傳統文化的家天下、師傅留一手，是不利於培養傑出的下一世代領導人才。

布局交棒，攤著牌打牌

許多企業第一代在面臨交棒時常放心不下，這個障礙其實是心理問題，以及未能盡早安排，培養接班人才。我的交棒過程是攤著牌打牌。退休交棒前一、兩年，就已經告知接班人。

1990年代初期，我就提出「享受大權旁落」的經營理念，這跟建立好的接班制度有正向的關係。很多事情是大家跟著我一起做、一起負責，我不留一手，想什麼、有何經驗都會跟他們分享。

最重要的是，這能給接班人舞台，因而有實務歷練的機會。要培養接班人就要授權，也就是要放手，接班人有可能犯錯，但如果害怕他們會犯錯而自己做，雖然比較有效率，但自己能做多少事？個人能力有限，精力也有限，管理是透過別人之手替你做你要做的事，透過組織才能做大。

由小而大授權

對於接班人做錯的決策，要當成是訓練的過程，不可以因此把權力收回，而是跟他一起檢討決策，分析問題。何況如果沒有機會犯錯，怎麼可能成長？當年，我還提出，「龍夢欲成真、群龍先無首」，這個意思是要實現大夢就要先授權，讓接班人有獨立發揮的機會。

領導者可以慢慢放手，由小而大，從旁長期觀察接班人的表現，等到可以放心委以重任時再放大授權。如果他們在小授權時表現不好，就失去做更大事情的機會，對公司造成的損失有限。藉由長期觀察還會看走眼的機會其實很小，但萬一發生也只有認了。

在宏碁的經驗，很少發生看走眼的情況，我們很早就是全部員工皆股東，透過全員稽核，一有風吹草動就會有訊息出來，即可採取必要措施，防止出現更大的紕漏。但如果是有關經營決策事後失敗，這本來就是企業經營會發生的風險，不能怪罪接班人。

誠信與責任感

在選擇接班人選時，誠信是首要考量，其次是責任感。

身為領導人絕對不能推卸責任，要能一肩扛起責任。另外，我會觀察他的心胸是否開放，CEO要能夠聽取眾人意見，從中學習，不斷成長。

當然，我也會希望找到有能力同時價值觀與我有共識的人，但每人個性不同。我的個性是「Me too is not my style.」，不跟隨別人，對於接班人有不同風格及個性，我不但尊重更是支持、鼓勵，因為如此接班人才有機會發揮本質，把組織領導得更好。

以華人企業來說，接班人由內部升遷會是較佳的方式。

我一手創立的事業到我六十歲退休時，整個集團已成長至相當龐大的規模，交給單一接班人的可行性不高，因此，分成宏碁、明基、緯創三大事業版圖交棒，這個安排比較符合企業永續的資源分配方式，也能讓他們各自專注在不同領域，否則混在一起交棒，雖然規模大卻不具競爭力。

另一方面，分成三大版圖也是考量接班人同儕之間的組織生態，不鼓勵他們爭執，劃分各自的山頭，各有發揮的空間，少了牽扯。

在我的三個接班人中，除了緯創董事長林憲銘是由原宏碁電腦將研發製造獨立出來的事業，直接由他接任董事長暨執行長之外，我擔任宏碁、明基董事長都長達二、三十年，王振堂、李焜耀與我角色密切重疊的交棒時間也超過三、五年之久。可以說，我當董事長期間，接班人已實質執行CEO的工作，簡單來說就是他做事、我負責。

虛擬交棒，建立信心

正式交棒之前，我盡量讓接班人做決策，算是另類的虛擬交棒，如有不足我再從旁補強，在虛擬交棒的過程，我會把企業永續經營的要點和接班人溝通，之後交棒就會更有信心。如果他們有不敢擔當的事來找我，我也會支持他們自己決策，成敗由我負責。

此外，我還讓接班人有足夠的空間及責任感，這也是為什麼我在交棒後，很多事情不願意插手的原因。

一般組織的文化習慣「揣摩上意」，上面的怎麼講就照做，做不好就沒有責任，但如果大家不負起責任，公司如何能有效發展？讓接班人負責，決策由他來敲定，即使我對決策有不同意見，也會聲明僅供參考，最後決定還是由他們自己做，用這種態度放手。

交棒後不再介入經營權

即使接班人的經營績效不如預期，我也不會重新跳到第一線幫他負責，而是再給他信心，支持他負起責任走下去。

一時的挫折與失敗經驗，對人才來說，是很好的學習教材，若在此時打擊接班人的信心，就很難打贏順利交棒這場重要戰役，有任何建議一定要婉轉，目的是讓他知道可能在某個地方需要調整。

除非是接班人完全無法勝任，組織對這位CEO已經沒信心形成換人的氣氛，我才會思考是否需要換人做做看，不然我還是會支持原先的接班人，找他及經營團隊一起討論，凝聚共識，重新制定策略方向，讓決策能有效被團隊執行，挽回大家對他的信心。

而接班人也要知道並且重視組織的接班體制，才能不斷培養一代又一代的接班人，讓企業永續經營下去。

很重要的是，我在交棒後絕不介入經營決策。

分家後，ABW三家公司各自有不同的股東、員工，我向來尊重各公司領導人以該公司利益為優先，而不是以我的想法為優先。

三個家族成員如果有業務往來的關係，並不是我來決定誰該向誰買，或產品該賣什麼價錢，而是他們認為何者給公司最有利的條件。大家是兄弟，更是獨立思考的個體，親兄弟也要明算帳。

基於微笑曲線思考

當年，宏碁與明基都投入經營品牌，在市場上可能有部分產品線重複造成競爭關係。我給他們的意見是，如果某個產品其中一家已經做得很好，另一家看起來沒什麼機會，建議可以做別的東西。

我提供意見，不是因為他們是兄弟公司，不該做衝突的東西，而是基於微笑曲線思考，不要因為看到別人做自己也要做，而是評估是否值得投入。但若另一家還是想用不同的策略做相同的東西，我絕對尊重，也支持領導者的決策。

現在回頭看，三位接班人的表現青出於藍，皆帶領公司再創高峰。

Acer一度成為全球第一大筆記型電腦品牌、全球第二大個人電腦品牌（後來因前任執行長蘭奇未了解產業及市場變化導致營運表現受到影響）；明基友達集團也為社會創造出新的價值，雖然明基因為西門子事件受到影響，我相信KY（李焜耀）有能力走出新路；緯創也因為打破獨家供貨給宏碁的關係，奮發圖強，提高競爭力接其他大廠代工業務。這些表現，實在是我創業時想都沒有想到的。

借重洋將是必然

以宏碁的交棒經驗來看，台灣企業國際化要成功，借重洋將是必然趨勢。宏碁可以算是全球最國際化的跨國企業之一，不僅執行國際化，決策更國際化，由各區的負責人共同決策，因此決策的落實能力強。

我借重洋將，給他成就感、有決策權，若因國際化需求決定讓外面的洋將掌舵，也要及早安排他到公司歷練至少五、六年，建立戰功之後再接班。

蘭奇原本是宏碁當年併購德儀筆記型電腦部門留下的人才，他其實在公司多年，一步一步為宏碁拓展國際市場，立下戰功，也與經營團隊建立長達七年的互信基礎，才正式接下集團經營大任。

交棒後，就算是洋將經營，我也不干預集團運作，之前JT（王振堂）、蘭奇兩方因經營觀念不同分別來找我，我尊重在位者，只是居中協助溝通，最後要怎麼做取決於他們自己。

人事安排也是順利接班的重點

在我退休交棒時，為了讓接班人好辦事，所有比接班人資深的同仁都跟我一起提前退休。

這有兩個好處，一是讓指揮系統簡單，不要有老臣講話而接班人不尊重不好意思的窘境，讓他可以放手去做。其二，PC產業競爭激烈，產業微利化，這些資深同仁人事成本高，離開有助降低公司成本。

這些資深同仁退休後，我邀請他們一起到智融集團這個新舞台，與我一同再創人生事業的第二春。我也希望智融集團是對台灣產業界有所貢獻的另一種型態，繼續借重這些經驗豐富的人才。

另外一個重點是，決定接班人後，還要事先對和接班人同級的同僚有適當的安排，最常見的結果就是他們會出現離職潮，奇異（GE）集團也是如此。宏碁集團交棒的過程，因為早已分拆，在發展過程中自然一分為三，各有各的舞台，比較沒有問題。

如果由企業內明顯立有戰功的同仁接班，組織內的同仁會服他，這種交棒也沒有問題，但若是在一群同儕擇一擔任接班人就會出現問題。

要留住接班人的同儕們必須事先安排位置給這些人，盡量避免他們之間產生衝突，不然這些人才很有可能離開，對公司造成某種程度的影響。

打定主意，安心放手

許多企業第一代創辦人在退休後，還是會在幕後繼續掌權，掛上名譽董事長，我不喜歡這樣，交棒就是交棒，真正放手。

雖然我還是以大股東身分，身兼宏碁、明基、緯創三家公司董事，不過也只透過例行董事會了解公司運作，站在董事立場，分享我的經驗與想法供他們參考，絕不做決策，公司決策完全交由經營者決定。事實上，很多公司情況我都還是從報章媒體上得知。

我很早就決定六十歲要退休，在宏碁2000年進行分割時也向同仁說：「我將在六十歲時退休，是榮退？或是黯然下台？就由大家來決定。」企業是大家的，我打定主意交棒，就是為了讓企業建立永續發展的機制。

很多企業經營者交棒後，往往又因經營績效未如預期或大環境發生巨變，重新站到第一線。

大家要有個正確心態，接班人上任後，不能期待企業還是和以前一樣，領導者已經不同，未來的客觀環境也不同，企業的成功模式自然就要不一樣。

所以我交棒之後從沒想過復出，不能像某些成名歌手一樣，舉辦告別演唱會幾年後又找機會回到舞台。歌手可以這樣做，因為唱歌是他個人的事業，但企業是群體的事業，任何一個變動都影響深遠，所以企業不適合這麼做。

企業交棒的目標是為了永續發展，如果再回去，總有一天還是要交棒，只要能想通，就沒有什麼放不下的。交棒後，完全享受大權旁落，安心放手，這也是未來領導者要培養的一種心態。

不做事後諸葛

企業能否突破過往的成績再創高峰，就要看接班人怎麼帶領企業，也許在前人的基礎上有機會發展得更好，也有可能會面對不同的挑戰。

最重要的是，我不做事後諸葛，只是看到有什麼要注意的會提醒一下，因為責任不在我，而在接班人；我也從不下指導棋，因為這麼做很可能反而成為別人失敗時的藉口。即使事後出問題，我還是會站在支持他們的立場，千萬不要有「不聽老人言，吃虧在眼前」的想法。

只要接班人已充分考慮所做出的決定，我一定會支持，企業發展本來就要承擔風險，如果決策的結果未如預期，我只期待每一個教訓都能讓接班人學習更多，累積經驗，並有所成長。

現在檯面上的大企業，三十年前都還是中小企業，甚至是不存在的，Google也才十多年，要讓企業生生不息，就要建立交棒的接班制度，企業交棒對全世界來說都是個問題。

美國企業CEO已經把接班變成是董事會的責任，由董事長代表董事會或成立專責的委員會出面尋找接班人，但華人的企業文化與客觀環境不同，目前企業也都還在學習如何處理接班的問題。

現在還是有很多創業者或經營者問我，要將企業交棒是否真的很難？交棒並不難，重點是，我準備了很久。

我很慶幸一件事，已經不少企業家對宏碁傳賢不傳子的交棒模式印象深刻，這也是我的希望，當社會已經多元化了，華人企業交棒沒道理不多元化，應該有更彈性，以及讓企業更有機會永續經營的選項。

企業交棒接班三部曲

首先，企業安排接班的時間要足夠長，視企業的規模大小，至少在交棒前三至五年開始準備，以與接班人培養接班的默契，並且「不留一手」分享經驗，與接班人一同檢討公司的決策，並將決策的背景與思維讓接班人充分了解並累積經驗。企業內要有足夠的接班候選人以保持彈性，並有選擇的餘地。

其次，當決定接班人選後，要在交棒前為其排除接班後的所有障礙。這也包括要排除交棒者自己介入的障礙，不能在背後下指導棋，要放手充分授權，讓接班人能獨當一面。

最後，在正式交棒放手前，盡量協助其在組織內建立接班的戰功，在過程中盡量將指揮交棒，在背後看著就好，必要時再出面給予支持，功勞給接班人，不斷重複這樣的過程。而這個交棒的過程往往要長達三至五年。

◉ 第二十章 ◉

讓人生微笑的關鍵

人生以享受為目的，
服務、貢獻、犧牲小我，
都是一種享受。
列出你人生絕對要的，與絕對不要的，
然後，創造與經驗你的人生。

我曾經出過一本書《勇敢洗腦，思維不老》（原書名《鮮活思維》），後來，有位高中生的媽媽打電話到公司給我，告訴我她兒子看完書後，說施先生跟他的想法一樣，這讓我很得意。我想，是我在裡頭提到的新好逸惡勞理論，以及人生以享受為目的，讓這位高中生心有戚戚焉。

那是我1990年代提出的想法，經過十多年我還是這麼認為，而且對於時下喜歡批評年輕人好逸惡勞、一代不如一代，我有不同的看法。

好逸惡勞是進步的動力

人類的進步，就是好逸惡勞而來的。什麼是逸？什麼是勞？如果逸代表高品質的生活，勞代表低效率的勞動，那麼知識經濟時代需要新的好逸惡勞。

一個人的身體，雖然沒有勞動，但他的腦袋卻可能不斷在構想什麼創意，可以創造更高的價值，這已經是無形價值勝過有形價值的時代。

貢獻是透過價值除以成本來評估，正因為有好逸惡勞之心，才產生更高的無形價值。

過去，有形的產生往往是有了什麼，另一樣東西就要消失，比如蓋房子要用掉水泥，生產汽車要用掉鐵礦。但是，無形卻可以無中生有，一首歌、一本書，並不需要原料，當有人聽了、看了，音樂、書本並不會缺損，閱聽者愈多，愈有價值。

財富有形，「才富」無形，這也是人生的微笑曲線，當你往兩端發展無形的「才富」，愈能創造高價值的人生。

依賴勞動創造價值的時代早就過去，我們不能再以過時的標準來評斷年輕人，用降低成本（cost down）的想法看待人才的競爭力，應該改以附加價值（value added）來評斷。

況且，真的一代不如一代嗎？教育的普及、數位科技的應用、遍地開花的創意思維，現在的二十、三十世代擁有的知識與技能，有多少是上一世代望塵莫及的？

人生也要創造正向循環

其實我和一般人一樣，也愛追求快樂、名利，人生以享受為目的，但我發現為了名利、快樂而享受的自身利益，更要奉行利他原則，否則只會事與願違。

一般人追求成功都是從利己出發，愈是汲汲營營，結果名利愈離愈遠，而從利他出發結果往往是利己。

小時候，為了不讓母親擔心，我從最小的利他開始，做好學生分內的事，好好念書、認真學習，結果受益最大的是自己。

長大後，為了獲得名利的回饋，我要創造價值，但如果只有我有心，沒有別人有共識一起做，也做不出所以然來，為了集眾人之力，我要了解大家在想什麼，聆聽與讀懂別人的心，將心比心，給大家想要的，所以想貪圖名利，反而要先不貪與利他。

大學時，同學們想玩，我就替大家想辦法成立社團；出社會後，我膽量小，要聚眾才能成事，而大家有創業的嚮往卻沒有機會，我就出來聚眾創立宏碁。

經營人生跟企業一樣，要創造正向循環，以及生生不息的永續。

留下好名聲

什麼可以永續？就是好名聲，這是沒有極限的。

想要別人對你敬重與讚揚，就要用王道精神追求名利，因為不講道理、不顧道義的手段，得來的名利也不會長久。

有次在飛機上，旁邊坐了一位建築業大老闆，他對我說：「我賺很多錢，但你比較有名，有名比較好。」不過，名也有可能是臭名，不要為了得到名聲去做某些事，也不要選擇以犧牲他人為代價的成功。

你的名聲、成功都要能幫助別人，為社會創造價值，這樣一來，回饋給你的名利就是正向循環的成果。

列出人生絕對不要的與絕對要的

不過，娑婆世界有太多誘惑，所以你要列出人生絕對要的與絕對不要的，堅持原則，然後再去創造、經驗你的人生。人生沒有任何狀況會重複，每個人遭遇都不一樣，前一秒、後一秒時間也不同，要能抓住堅持的原則。

我好奇心重，喜歡做沒做過的事，當然有好也有壞。小時候曾嘗試過抽菸、賭博、打架，有次看同學賭錢還被老師逮到，在學校跟同學吵架被打後回家還要再挨一次母親的竹條。後來，我覺得抽菸、賭博、打架的滋味都不好受，決定不要再碰。

活到現在，我的人生有三個絕對不要的東西。第一是絕對不要欠錢，包含賭博，因為賭錢到最後你一定會輸，我到拉斯維加斯也不會進去賭，既然它是人生絕對不要的選項，就不要讓自己有機會碰到，你碰了，能保證克制自己嗎？

我跟朋友之間也幾乎沒有金錢往來，當然有些朋友會突然有困難希望我幫忙，那是例外，借錢給別人，事先要有心理準備，不要期待要得回來。

第二，絕對不要犯法與做虧心事，這比較容易遵守，做任何事都不要違法，以及違背自己的良心。

第三是我絕對不要桃色糾紛，所以跟女性會保持距離，盡量不要接近，不要有任何產生誤解的機會。

而我絕對要的是，想讓別人快樂，使大家喜歡我，我也一直努力做我想要的。快樂不是一個人的事，而是相互依生，如果你能使一個人微笑，他的微笑也會滋潤你。如果你問我最希望擁有什麼才華？我會回答想要擁有讓大家都快樂、都幸福的本事。

國父說，人生以服務為目的，我要改成，人生是以享受為目的，其實兩句話的目標是相同的。因為人生在世，別人替你服務得多，我們如果要享受人生，就一定要先替別人服務，想要享受生活，就要以利他出發，才能享受人生。

人生轉折，其實是自己的選擇

另一個我絕對要的是，對未來保持信心。就算遇到別人眼中的失敗，還是要讓自己保持信心，再找出達成目標的方法；沒有信心，挫折很容易變成打擊。

挫折是必經的進步過程。我大學聯考成績不如預期，沒考上想要讀的學校，但我不覺得這是失敗，反而在讀大一時認真準備重考，隔年如願考上交大電子工程系。如果我把聯考失利當成一翻兩瞪眼的失敗，就不會成為交大人，之後為台灣開創電腦王國。

因為不把挫折當成失敗，就讀大一時我盡情享受大學新鮮人的生活，參加很多社團活動，個性也因此不再那麼內向、害羞，變得喜歡交朋友。第二年考上交大後，更因為比同學多了在成大的社團經驗，成為多個社團的領導人，訓練領導與組織能力，讓我學習如何凝聚大家的共識，畢業後創辦宏碁集團，打造出國際品牌。由此可知，塞翁失馬，焉知非福。

我第一次在美國發表演講，唸稿唸到自己都覺得很丟臉；也曾在日本電腦展走上講台後，發現台下一個記者也沒有；我曾在記者發表會要上台前，被告知要解決侵權事件；1990年代，美國子公司發生嚴重虧損，其他公司賺的都還不夠虧，當時公司同仁批評聲浪高漲。發生挫敗事情的當下，我唯一做的事就是往前看，可以即刻處理就馬上處理，不能的就仔細思考，因為急了反而錯誤變多。

真正的失敗是放棄

宏碁曾被美國《華爾街日報》譽為個人電腦業發展史上，最成功東山再起的企業之一。能夠東山再起，正是讓人生微笑的關鍵。

真正的失敗是放棄，只要不放棄，再多的失敗都是經驗，就是一個累積的過程，所以，享受成功的過程，不要有急於成功的心態。你要假設現在的所作所為結果可能會跟預期有出入，有這樣的體悟，就不會在結果不如預期時立刻認定失敗了，對未來失去信心而放棄。

很多的轉折實際是老天的安排，但也是自己的選擇。當你站在老天安排的十字路口，要往哪走是自己選擇，既然你選擇了就別後悔，對於已經發生的事，為何要放在心裡苦惱，影響向前看的思路呢？

曾有人問我，是否會害怕死亡？其實，我一點也不害怕到達生命終點，必然會發生的事沒什麼好怕的，我只怕在到達終點之前，沒有能力往前走、往前想，不能夠再為他人創造價值。

什麼才是有價值、有意義的人生？不要做「me too」（和別人一樣），循著興趣「enjoy life」（享受生活），做一些對社會有意義的事，那就是美好的人生了。

王道心解

愈傻的人愈聰明

我始終相信，人性向善，如果凡事利己就無法永續，唯有利他才是最大的利己。因為這樣，可能有許多人認為我很傻，但我自己覺得，我是最聰明的傻子。

當你所做的事情，出發點是從社會責任開始，考量所有利益相關者的權益平衡，就已經是王道思維，也是未來領導者應該具備的思維。

舉凡個人、組織、企業、社會、國家、環境，如果是以永續為目標，就要堅持共存共榮的王道精神，建立利益共同體，謀求衆人的利益與發展。先從利他出發，其他利益相關者發現這是有好處的，也會回過頭來變成發展的助力。

這幾次宏碁的再造，我思考的重點都不是個人或少數人，而是從企業整體思考。因為大家的利益都考慮到了，才能積聚更大的改變的力量。後來，需要又一次再造，也不是因為先前的決策錯了，只是趨勢隨著時間改變，在企業發展的不同階段，需要有不同的經營策略。

敢認輸才能贏

「跟隨並非我的風格！」（Me too is not my style!）我的經營策略，往往跟歐洲、美國、日本都不一樣；尤其是美、日，全世界都跟美國學管理，產業發展經驗則師法日本，但我會在了解他們的做法之後，再加上自己的想法，因為我們的文化背景跟他們不一樣。

我的所有決策，都會分析當時客觀環境的狀況，並廣納大家的意見；一旦決定，就要勇往直前。即使失敗，也不用擔心，只要能夠在事後清楚分析為什麼失敗，從中學習。

我不做追隨者，是因為我很清楚，這樣不但無法創造新價值，還會讓市場供過於求，最後拖垮整個產業的生態發展。

很多領導者會擔心決策失敗，但我從利他出發，相信人性向善，並且絕對授權，即使失敗，也不過就是多了一次反敗為勝的機會。

肯認輸，不要面子，代表接受過去的決策需要改變，但不等於把信心也輸掉。

坦白說，改變就是領導者自打耳光，率先打破過去的成功模式，甚至往完全不同的方向走。宏碁的再造，就是我不要面子，就算是以前講得頭頭是道的策略，也都重新檢討。

公司業績不振，大家都看得到，領導者本來就要負最大責任；能夠放下面子，反而顯得你很有自信，能夠重新再來。先打自己耳光，才知道出手會不會太重，組織能不能承受得起。

為難他人就是為難自己

生態環境會不斷調整，走向平衡；在不平衡的情況下，現在享受的成功，也可能是下一個苦難的開始。因此，必須及早調整，如果不是自己換腦袋改變，就是別人幫你調整，甚至把你淘汰。

社會的運作，本來就是讓大家共同參與、共同創造價值的過程，太自私的結果，只是為難自己。

為了追求永續，必須不斷調整運作機制；王道領導者可以從六面向價值總帳的角度來思考，看看價值與成本在這六個面向中，如何相互影響，找到動態平衡。

這個原則不僅適用在企業，在國家也是一樣；就像台灣的健保，為社會創造價值，提供民眾醫療保障，全民都是利益共同體，但是出現問題的時候，沒有及時調整，於是陷入難以永續的困境。

從王道精神來看，調整機制的關鍵是要讓這個生態中的所有利益相關者感到平衡，包括：民眾、病患、醫院、醫療從業人員、藥廠等所有參與者。

愈競爭，愈公義

當生態變得無利可圖，就會無法永續。

永續，至少要以五十年、一百年為單位，不能單從利己思維出發。

2000年時，宏碁把自己的利潤降最低，讓利給通路夥伴，完全不做直銷，即使是大企業訂單，也都讓給經銷商處理。這種新經銷模式複製到全世界，我們自己只負責品牌事業，專心衝刺創新研發、設計、行銷和服務。因為遵循王道精神，才能夠得到天下，躋身全球PC的一線品牌。

然而，面對市場的激烈變化，或許是當時的領導人對於六面向、利他思維不夠了解或認同，沒辦法堅持，尤其在我2004年退休之後，漸漸偏離王道這條路，開始對通路塞貨、向供應商砍價，沒有思考生態平衡。

畢竟，西方的價值觀重利，講求股東權益最大化，領導人很容易以為，如果沒有在短期內，幫自己和公司賺很多錢，就是失敗。

在王道世界，競爭從來不是為你死我活在比拚，而是要較量誰能創造更多價值，也就是誰對世界的貢獻比較大。

競爭一定有，也會以賺錢為目標，只是，我不從自己一定要贏的角度來看事情，反倒會考慮合作對象的立場，即使企業未來發展會跟合作關係相衝突，也不要在過程中傷害別人。

相互往還，價暢其流

台語說：「互相、互相！」我要你的東西，卻不給你我有的，就不是「互相」，更不是王道。

從小公司到大企業，原本並肩作戰的朋友，隨著局勢演變、策略改變，有一天可能會變成競爭對手。王道的做法，會盡量取得合作夥伴的理解；即使對方不理解，也要說清楚、講明白，競爭在所難免，但是必須光明正大。

後記

依然「施先生」

—— 微笑人生的未完成式

葉紫華

施先生這幾年的退休生活是怎麼過的？

每天，依然忙碌。他覺得自己是從宏碁退休，不是從社會退休，要充分發揮自己的剩餘價值，所以把公益當成「主業」，熱心有餘，還常倒貼。後來，接下國藝會董事長，更顯忙碌了，早上七點半運動，晚上七點半看戲，多年來早上看五份報紙、幾本雜誌的習慣依舊，至少花上一個鐘頭。

有一回，我們跟朋友坐地中海遊輪旅行，每下船到一個城市，我們也會特別買票進去當地美術館、博物館參觀。有天，他看到一間現代美術館，即便票價不便宜，馬上幫同行的六、七人全買了票，邀請我們進去接受藝術的薰陶。

其實，現代藝術不是很好懂，但施先生就像個認真的學生，仔細端詳、研究，全館看完後，他發現有免費Wi-Fi可用，叫大家快點來上網，因為遊輪上網費用昂貴，雖然出來玩還是掛心基金會的事，只見一行人瞬間變成「低頭族」。

我不反對他去國藝會幫忙。藝文是他最不懂的領域，他貢獻擅長的商業管理、品牌行銷，為台灣藝文界創造出新價值，我在旁觀察，看到效果已經慢慢出來，連帶使施先生的品味稍微提升了一點點。

「為什麼」先生

退休後的另一個改變是，他跟著我吃素。我開始吃素是因為那時他中風，我祈求上天，若他能康復願日後茹素。施先生吃素的這些年，身體變得健康，腸子的息肉也消失了，嘗到健康甜頭，喜歡分享的他，逢人就推崇吃素的好處。

不過，他還是一直在動腦，我們出去運動、散步，他習慣低頭思考，我總要喚他，把他從思緒拉出來，讓他看看外面的世界；跟孫子玩時，他也無法放得很開，因為腦袋還在想事情。

施先生要退休前，很多人問我他退休後會做什麼？以前，我總想著最好能不要管這麼多事，時間留給家人，再做一些回饋社會的公益。後來我發現，不能讓他太閒，一是他的身體需要動，有動才有活力；二是不讓他做外頭的事，在家他除了看電視之外，還會問我一堆「為什麼」？

過去，他忙公司的事，家務事我一手搞定，退休後他開始學習生活事。由於他喜歡思考，從小養成發問的習慣，在他的邏輯裡，做事要知道背後原因，連簡單的家事都會問我：「為什麼要這樣做？」讓我這位「台傭」常被他弄得啼笑皆非，最後只願意讓他碰熱水壺（只需插電），其他的非君管轄，請他去做自己的事，以防還要回答層出不窮的「為什麼」。

這就是施先生真實生活的一面，小至家事都會認真以待。

不變的傳承之心

他的另一個「主業」是傳承 —— 把所知、所學、所得貢獻給社會。管理是經驗的累積，對台灣來說，施先生是帶著觀念走在前頭，然後找到一群人願意跟著他跑。他推動的「品牌台灣」就是很好的例子。

經過這些年，現在的台灣很重視品牌，也知道品質是品牌的基礎，大家也終於了解要做好國際品牌不能只講個體，而是要集合眾人力量，成就一個品牌台灣。

微笑曲線應該是他提出的眾多觀念裡，最廣為人知的理論，二十年後才出書，令人佩服他的「磨功」。

施先生很好相處，但專注思考，不論大小事都能想得巨細靡遺，與他共事過的夥伴就知道，他會抓著大家確認每一處細節。就連演講，經驗豐富的他還是很認真準備每回講稿，出書更是耐磨，書稿看過一遍又一遍。這本書在出國前他已看過兩、三遍，出發前進行最後校正，只來得及看完一部分，其餘書稿就帶上飛機看。

我期許，大家能吸收他這些觀念，但不是照抄。照抄不能保證成功，各行各業都有專精之處，可以運用施先生的概念，根據不同行業特性，深入探討、鑽研出自己的微笑曲線。

期許他沉澱、放下

如果問我，年輕人可以從施先生的身上學到什麼？我想是誠信與謙卑。

他本人像是一位老實的學究，比他能力強的人大有人在，但施先生最重要的是能夠實在做事，包容力強，重視誠信，態度謙卑，可以真心接納多元意見，因此吸引很多人願意幫他，在他身上就比較容易成事。他讓我看到一個人能夠實在做事，後頭才會有人幫你，千萬不要想取巧、走捷徑。

從1971年結婚至今，我們牽手超過四十個年頭，我希望他這本書出版後，能夠真正的放下。放下，並非只是安靜下來，而是能夠在內心沉澱，產生更深層的精進，施先生的微笑人生，還在進行中。

採訪後記

一位不老靈魂的探礦者

——這個時代特別需要的微笑學

林靜宜

你心中是否曾存有以下疑問：面對快速變動的世界，焦慮未來，猶豫該不該轉換跑道？就算看見方向，也不知如何移動（shift）？不久的將來，全球數十億人隨時在「雲」上連結，領導者與創業者要有哪些能力才能洞察趨勢？工作生涯隨著人類壽命延長愈來愈久，究竟工作對人的意義是什麼？你的人生到底要追求什麼？

只要你願意花些時間閱讀這本書，以上問題，甚至其延伸的相關疑問，都能獲得啟發。

被稱作台灣個人電腦教父、品牌先生的施振榮，創業故事一直為人津津樂道，一位平凡的小鎮之子，能夠用科技改變人們的生活，以創新的觀念推動社會前進，所提出的微笑曲線、創辦的宏碁集團、Acer品牌，舉世知名。

他，是美國《時代》雜誌六十週年選出的「亞洲英雄」，也是當年的台灣唯一，Discovery頻道為他製作傳記影片，美國矽谷電腦歷史博物館專門來台為他撰寫口述歷史。2012年6月，美國紐約國際顧問公司「聲譽機構」（Reputation Institute）選出全球百大最佳聲譽公司，宏碁排名第七十三，是唯一入榜的台灣公司。

跨時代的創新者

他，更是一位跨時代的創新者。

對台灣來說，施振榮做出亞洲第一台個人電腦，啟動了蓬勃發展的ICT產業鏈，退休後，他持續關注台灣未來競爭力的議題，投入時間與心力，為社會創造無形價值（參見第一章）。

對華人而言，施振榮率先走上國際，使Acer成為華人的全球品牌先鋒，證明品牌之路是可行的。

對世人來說，施振榮引領的台灣個人電腦產業，讓個人電腦從奢侈品變成平民產品，加速數位科技的普及，是帶動世界進步的力量。

微笑曲線發展至今已二十年，這條曲線已成功改造許多企業與產業，也有助於你我建立人生許多重要的能力。這本書，就是施振榮重新詮釋驗證後的「微笑曲線」心法。

然而，同樣遵循微笑曲線，為何有很多人或企業無法微笑？走出微笑曲線底部，朝兩端發展的祕訣是什麼？施振榮首度傳授二十五個關鍵密碼，教大家啟動能夠創造價值的微笑曲線。

雖然這是一條說明產業附加價值的曲線（參見第二部），卻可以活用在個人、組織、企業、國家競爭力的思考上，是「以簡馭繁」之道。你無須讀過管理學，也不必了解難懂的動態分析模型，只要懂得施振榮的微笑曲線，就能在競合關係中，分析當下的附加價值所在，進而思考出價值創造的策略。

這條曲線其實富含了施振榮四十多年的實戰經驗，以及他的人生哲學，也是他走出與眾不同之路的祕訣，我們可以用「SMILE」的五個英文字母，來認識他的微笑思考法。

微笑思考五訣

分享（Sharing）：幸運來自於你的態度，施振榮的微笑學講的是分享的態度，當一個人願意分享時，一切作為的收穫會比存著競爭心態來得更豐碩，這樣的人生自然會更富足、更有成就感。

施振榮相信人性本善，不緊握手中的資源不放，而是主動分享，他的管理風格是不留一手，享受大權旁落，給人才最大舞台。

跟隨並非我的風格（Me too is not my style.）：這句話是微笑學思考的起點，用反向思考，做大家都沒有，只有你獨特的事。

施振榮認為，人生的意義就是要替他人與社會創造價值，要創造新價值，就不能只是跟隨者，必須真正做自己。所以，當年他不跟隨主流價值選讀醫科，而選擇最新的電子工程；不去外商，從本土企業研發部門開始做起；挑戰華人傳統的中央與家族集權，立下傳賢不傳子的接班典範。

整合者（Integrator）：從微笑學看未來的世界，個人、組織、企業都可能同時扮演整合者與被整合者，不論是何者，都要運用自己的優點與長處，找到在微笑曲線上的獨特定位，以整合思維取代零和競爭。

整合者要懂得顧及所有參與者的利益平衡，被整合者也要在專精領域，為合作的群體創造價值，才不會變成團隊裡最弱的一個環節。

從錯誤中學習（Learning from mistakes）：讓每段經歷都轉化為寶貴的生命經驗，從錯誤中學習成長，是能否微笑的關鍵。

微笑學定義，真正的失敗是放棄，挫折、困難只是累積成功的過程而已。

在創業、創新與人生的路上，施振榮經歷了許多起伏與波折，卻能保持樂觀，懂得認輸才會贏、要「命」不要面子，最終找到達成目標的方法。

生態的平衡（Ecological balance）：微笑學是利他利己的東方王道思維，微笑學的競爭是比誰對生態、世界創造出更多的價值。不論是管理企業或經營人生，利他才能永續的利己，做個以生態永續為策略思考的微笑CEO，在成就眾人之際，也創造出自己的最高價值。

用微笑學，走出自己的路

SMILE代表的五種思維，是這個時代特別需要的「微笑學」，它能讓人走出自己的路，真正創造出個人價值。然而想真正提高自我價值，也不是一味只聚焦己身，必須透過為他人創造價值，間接實現。

未來的世界、工作、生涯都跟現在很不一樣，個人無法獨立於社會之外，在多元化、虛擬化、全球化的團隊與社群裡，你需要另一種新的贏家哲學。

微笑學不是教你傳統的成功方法，而是與生態共存共榮的成就之道，它不追求曇花一現的快速獲利，而是尋求基業長青的最大價值，可以充分運用在創造個人工作、產業趨勢、創業創新、管理與領導等層面。

倫敦商學院教授葛瑞騰（Lynda Gratton）和她的研究團隊發現，決定未來的三個關鍵分別是：合作比競爭更重要、累積一種以上的扎實專業、把工作當作累積經驗比賺取金錢更有價值，這些都與施振榮的微笑學不謀而合。

進行這本書的採訪之前，我碰到一位創業成功的APP公司執行長，她說在創業路上最想感謝的人之一就是施振榮。

多年前她是宏碁的基層員工，後來決心踏上創業路，創業的過程中，她苦思幾個問題找不出答案，寫了封電郵請教施振榮，「沒想到，施先生打了兩次電話，第一次我不在，第二次才找到我，他花了快兩個小時，給我好多建議，提醒我創業該注意的事。」

對於一個素未謀面的離職員工，施振榮願意花時間分享創業心得，為的就是希望有更多人能在他已知的基礎上前進，以及不要步上他走過的冤枉路。

享受成就他人的歡喜

因此，這本書分成四大部，第一部闡述微笑精神，讓你打下基本功，認識新的贏家思維；第二部介紹微笑曲線的二十五個關鍵密碼，讓你活用微笑思考，分析情勢。

事實上，創新能力已不再只有創業者需要，如同任何一位工作者，都要學會像領導者一樣思考。

第三部的重點，放在微笑創業創新法則；第四部則是鼓勵大家做個微笑CEO，讓你看見趨勢，為自己、服務的組織、所處的社會環境創造價值，啟動正向循環。

「我是一位探礦者，享受無中生有，如果因為我在前頭的開拓，讓更多人有路可走，我就很開心，覺得很有成就感。」比起把錢賺進自己的口袋，施振榮更享受能夠成就他人、群體的歡喜。

保持好奇心與關懷心

然而，當一位探礦者是不容易的，要能看得比別人更遠，想得比多數人透徹，更要有一顆敢於冒險、豁達接受挫折的心，因為前方不一定能採到礦。

施振榮說，只要自己還有體力，就會持續為社會貢獻己力，「我雖然從宏碁集團退休，卻沒有從社會退休。」我從這位探礦者的眼中，看到了一個不老的靈魂 —— 隨時讓自己保持對未知的好奇心，以及對社會的關懷心。

趨勢大師奈思比（John Naisbitt）說，未來早存於現在之中，微笑學正是跨世代的經典價值。不管你是正在起飛的三十世代，還是想再創價值的四十、五十世代，或是尋找第二人生的六十後世代，都能透過施振榮的微笑學，重新定義自己，創造出更多的價值。

讓人生微笑的關鍵，一點也不難，現在，給自己一個「微笑」吧！

傳承

施振榮的創見與理念分享

座右銘：挑戰困難、突破瓶頸、創造價值

基本信念	
	人性本善
	不留一手
	曉以大利（利益共同體）
	利他是最好的利己
	享受犧牲（享受大權旁落）
	傳賢不傳子
	要分才會拚、要合才會贏

創見	
	微笑曲線
	競爭力公式
	品牌價值公式
	六面向價值論（打破半盲文化）
	垂直分工、水平整合
	整合者工作外包，責任不可外包
	相對大的品牌
	全球品牌、結合地緣
	主從架構組織

倡議	科技島（人文科技島） 世界公民 整案輸出 專業品牌行銷公司 百倍挑戰、千倍機會 全球研製服務中心 全球華人優質生活創新中心

創辦之志／事業	榮泰電子（1972年） 宏碁集團（1976年） Computex台北國際電腦展（1984年） 自創品牌協會（1989年） 標竿學院（1999年） 智融集團（2005年） 王道薪傳班（2010年） 王道創值中心（2011年） 藝集棒社會企業育成專案（2011年）

財經企管 562

王道創值兵法——一以貫之．以終為始．吐故納新．價暢其流

微笑走出自己的路（修訂版）

百倍挑戰，發現千倍機會

Smile and Beat Your Own Path

作者 — 施振榮
採訪整理 — 林靜宜
協助採訪 — 林信昌
主編 — 李桂芬
責任編輯 — 張奕芬；羅玳珊、李美貞（特約）
封面與內頁設計 — 周家瑤

出版者 — 遠見天下文化出版股份有限公司
創辦人 — 高希均、王力行
遠見．天下文化．事業群董事長 — 高希均
事業群發行人／CEO — 王力行
出版事業部副社長．總經理 — 林天來
版權部協理 — 張紫蘭
法律顧問 — 理律法律事務所陳長文律師
著作權顧問 — 魏啟翔律師
社址 — 台北市 104 松江路 93 巷 1 號 2 樓
讀者服務專線 —（02）2662-0012
傳真 —（02）2662-0007；2662-0009
電子信箱 — cwpc@cwgv.com.tw
直接郵撥帳號 — 1326703-6 號　遠見天下文化出版股份有限公司

電腦排版／製版廠 — 立全電腦印前排版有限公司
印刷廠 — 祥峰印刷事業有限公司
裝訂廠 — 明和裝訂有限公司
登記證 — 局版台業字第 2517 號
總經銷 — 大和書報圖書股份有限公司　電話／(02)8990-2588
出版日期 — 2012 年 8 月第一版
2015 年 8 月 31 日第二版
2015 年 10 月 30 日第二版第 3 次印行

定價 — 330 元
ISBN：978-986-320-771-9
書號 — BCB562
天下文化書坊 — www.bookzone.com.tw

國家圖書館出版品預行編目(CIP)資料

微笑走出自己的路：百倍挑戰,發現千倍機會 / 施振榮著；林靜宜採訪整理. -- 第二版. -- 臺北市：遠見天下文化, 2015.08
面；　公分. -- (財經企管；562)(王道創值兵法)
ISBN 978-986-320-771-9(平裝)

1.企業管理 2.職場成功法

494　　104010730

Believing in Reading

相信閱讀